安徽省高等学校一流教材(研究生教育优秀教材)

地球物理程序设计与应用案例

DIQIU WULI CHENGXU SHEJI YU YINGYONG ANLI

张平松 吴海波 主 编
胡雄武 郭立全 副主编

内容简介

本书以地球物理程序设计案例为主要内容，以 MATLAB 软件编程为主，部分案例穿插 C 语言进行编程，重点围绕重力勘探、磁法勘探、电法勘探和地震勘探的相关程序设计内容及典型案例进行介绍，涉及模型的正反演、数据处理与计算、图形绘制与输出、文件读取与保存等；案例多为地球物理勘探中常涉及的理论问题与工程实践问题，相关的程序代码均经过调试和验证。

本书可作为地球探测与信息技术、地球物理学和地质工程等相关学科专业研究生教材，亦可为勘查技术与工程、地球物理学、地质工程本科生教学提供参考，并可供相关专业科研技术人员、实验测试人员参考使用。

图书在版编目（CIP）数据

地球物理程序设计与应用案例/张平松，吴海波主编；胡雄武，郭立全副主编．—武汉：中国地质大学出版社，2024.4

ISBN 978-7-5625-5820-0

Ⅰ.①地⋯ Ⅱ.①张⋯ ②吴⋯ ③胡⋯ ④郭⋯ Ⅲ.①地球物理学-程序设计 Ⅳ.①P3-39

中国国家版本馆 CIP 数据核字（2024）第 061019 号

地球物理程序设计与应用案例	张平松　吴海波　**主　编**
	胡雄武　郭立全　**副主编**

责任编辑:周　豪	选题策划:周　豪	责任校对:宋巧娥

出版发行:中国地质大学出版社(武汉市洪山区鲁磨路 388 号)	邮编:430074
电　　话:(027)67883511　　传　　真:(027)67883580	E-mail:cbb@cug.edu.cn
经　　销:全国新华书店	http://cugp.cug.edu.cn

开本:787 毫米×1092 毫米　1/16	字数:246 千字	印张:9.75
版次:2024 年 4 月第 1 版		印次:2024 年 4 月第 1 次印刷
印刷:湖北睿智印务有限公司		
ISBN 978-7-5625-5820-0		定价:45.00 元

如有印装质量问题请与印刷厂联系调换

前　言

本书是安徽省高等学校一流教材（研究生教育优秀教材），为面向地质资源与地质工程学科专业研究生课程编写的教材，主要读者对象为煤炭、石油和地矿院校的相关学科专业研究生，也可作为其他相关专业本科生、研究生以及现场技术人员的培训和参考教材。全书涵盖了C语言、MATLAB软件在重、磁、电、震等多种地球物理勘探方法的程序设计与示范案例。本书在编写上力求系统全面、通俗易读，特别注重基础方法与应用相结合以及案例的示范作用；案例部分以常见的地球物理勘探方法为主，着重介绍了图形与文件操作、数值计算、程序流程控制和函数文件等基础程序设计内容在地球物理领域的应用实例。

本书由安徽理工大学地球与环境学院地质与勘查工程系编写，由张平松、吴海波担任主编，胡雄武和郭立全担任副主编。其中，张平松参与编写第一章、第五章和第六章，吴海波参与编写第二章、第三章和第五章，胡雄武参与编写第四章和第六章，郭立全参与编写第六章。全书由张平松统稿。

本书在编写过程中，承蒙中国矿业大学刘盛东教授、王勃教授，安徽理工大学吴荣新教授提供了相关资料并提出了宝贵意见，在此向他们表示感谢。安徽理工大学博士研究生邱实，硕士研究生廖心茹、汪椰伶参加了程序调试与实践，在此一并感谢！

本书涉及的内容较多、范围较广，由于编者水平有限，难免存在遗漏和不妥之处，恳请读者批评指正。

编　者

2023年12月

目 录

第1章 绪 论 ……………………………………………………………………………… (1)
  1.1 地球物理程序设计简介 …………………………………………………………… (1)
  1.2 C语言程序设计简介 ……………………………………………………………… (2)
  1.3 MATLAB程序设计简介 …………………………………………………………… (3)
第2章 重力勘探程序设计与应用案例 ……………………………………………………… (6)
  2.1 重力异常叠加的正演模拟 ………………………………………………………… (6)
    2.1.1 多个局部异常的叠加 ………………………………………………………… (6)
    2.1.2 局部异常与区域异常的叠加 ………………………………………………… (12)
  2.2 重力异常的处理 …………………………………………………………………… (13)
    2.2.1 重力异常的解析延拓 ………………………………………………………… (13)
    2.2.2 重力异常的高阶导数法 ……………………………………………………… (17)
  2.3 重力数据的二维反演 ……………………………………………………………… (19)
第3章 磁法勘探程序设计与应用案例 ……………………………………………………… (25)
  3.1 磁异常的解析延拓 ………………………………………………………………… (25)
  3.2 磁法三维反演 ……………………………………………………………………… (33)
第4章 电(磁)法勘探程序设计与应用案例 ……………………………………………… (50)
  4.1 直流电测深正演计算 ……………………………………………………………… (50)
  4.2 大地电磁测深正演计算 …………………………………………………………… (60)
    4.2.1 一维大地电磁测深曲线 ……………………………………………………… (60)
    4.2.2 二维大地电磁测深正演模拟 ………………………………………………… (62)
  4.3 电(磁)法反演 …………………………………………………………………… (69)
    4.3.1 基于神经网络的电阻率反演 ………………………………………………… (70)
    4.3.2 大地电磁测深反演 …………………………………………………………… (78)
第5章 地震勘探程序设计与应用案例 ……………………………………………………… (86)
  5.1 合成地震记录的制作 ……………………………………………………………… (86)
    5.1.1 地震子波 ……………………………………………………………………… (86)
    5.1.2 合成地震记录 ………………………………………………………………… (87)
  5.2 地震数据的读取与输出 …………………………………………………………… (93)
  5.3 地震波场正演模拟 ………………………………………………………………… (104)
    5.3.1 二维一阶速度-应力方程 …………………………………………………… (104)

5.3.2 弹性波方程交错网格高阶有限差分 ……………………………………… (104)
5.3.3 弹性波一阶速度-应力方程的交错网格高阶有限差分格式 ………… (105)
5.3.4 完全匹配层条件 …………………………………………………………… (105)
5.4 地震数据的分析 …………………………………………………………………… (112)
5.4.1 地震记录的频谱 …………………………………………………………… (112)
5.4.2 地震道集的速度分析 ……………………………………………………… (119)
5.5 地震数据的处理 …………………………………………………………………… (122)
5.5.1 一维频域滤波 ……………………………………………………………… (122)
5.5.2 二维 f-k 滤波 ……………………………………………………………… (131)
5.6 地震属性的计算 …………………………………………………………………… (136)
5.6.1 振幅类地震属性计算 ……………………………………………………… (136)
5.6.2 "三瞬"地震属性计算 …………………………………………………… (138)

第6章 地球物理程序图形界面设计与应用案例 …………………………………… (141)
6.1 地震子波与频谱显示 GUI 图形用户界面设计 ………………………………… (141)
6.2 瞬变电磁正演模拟程序界面设计与应用 ………………………………………… (145)

主要参考文献 …………………………………………………………………………………… (148)

第1章 绪 论

1.1 地球物理程序设计简介

地球物理勘探包含电法勘探、磁法勘探、重力勘探、地震勘探、放射性勘探、地热勘探和地球物理测井等多种方法与类型。通常,地球物理勘探依据的地球物理场是关于空间位置变化的三维函数,比如重力场、静磁场、静电场、电磁场等。描述这些地球物理场,不仅需要用到大量而复杂的数学和物理知识,还需要采用多种不同类型的图形加以展示。因此,借助于飞速发展的计算机技术,满足地球物理勘探在数值计算、图形展示以及功能集合等方面的需求,成为目前迫切需要考虑的问题。于是,通过将地球物理勘探与计算机科学紧密集合,发展形成了地球物理程序设计这一热门方向。

地球物理程序设计需要基于地球物理知识,并借助于计算机技术手段,具有代表性的内容如利用高级语言编制程序用于计算模拟地球物理场分布,计算、处理地球物理观测数据,利用计算机绘图软件绘制矢量图、三维图等专业图件,以及将地球物理勘探中的多个功能模块进行集合并通过图形界面实现可视化等。现阶段,伴随着计算机软硬件的发展,人工智能算法的应用、地球物理数据计算处理的速度、图形和动画的显示水平等均得到了显著提升,地球物理程序设计越来越被地球物理工作者重视,已成为地球物理勘探向精准智能化发展的推进器。

目前,地球物理程序设计主要偏重于从以下3个方面助力和服务于地球物理勘探,即囊括了地球物理程序设计的主要目标和内容。

(1)理论公式图形化显示。地球物理专业中有许多经典理论公式较为抽象,如地震勘探中的波动方程,电磁法勘探中的麦克斯韦方程组以及傅里叶变换等。借助于地球物理程序设计,可通过参数的设定,将部分公式采用曲线、云图、等值线图、场矢量图等方式展示出来,更好地让初学者去理解地球物理中的各种公式,理解各种地球物理"场"的概念,有助于进一步开展地球物理勘探的相关工作。

(2)数值计算与算法设计。地球物理勘探中,野外采集数据之后,往往需要进行资料预处理、反演和解释。这当中需要用到多种类型的数值计算,如矩阵定义、变换、求解,高次方程、多元方程组的计算求解,离散数据的插值、拟合、积分与微分,以及离散傅里叶变换、希尔伯特变换等。当然,数据的读取、存储、格式的转换以及求解地球物理正演和反演问题,还需要进行相关算法的设计。例如正演模拟中经常涉及有限元法正演算法、交错网格有限差分法正演算法等一些数值解法的程序设计。地球物理反演中会用到共轭梯度法、拟牛顿反演算法、高斯-牛顿反演算法以及一些非线性的反演算法,如遗传算法、粒子群优化算法及BP神经网络等。

(3)交互界面设计和功能集成化、智能化。地球物理勘探的各种方法涉及数据的采集、处理和解释中的多个环节。部分环节既环环相扣,又相互独立,某一单一处理可能还包含多种类型的技术方法。良好的交互界面设计以及功能的集成化有利于提升地球物理数据计算、处理和解释的效率。而地球物理程序设计能够通过编程设计出交互界面,实现方法与技术功能的模块化和集成化,无疑是助力地球物理高效勘探的重要部分。此外,随着人工智能的飞速发展,人工智能在地球物理勘探中的应用越来越被重视。这当中,离不开利用计算机编程将人工智能的算法融入地球物理的数值计算、正反演中,也离不开提供更为智能化、人性化的用户操作界面。

1.2 C语言程序设计简介

C语言属于面向过程的计算机编程语言,其当初的设计目标是提供一种具有简易的编译方式、处理低级存储器、仅产生少量的机器码以及不需要任何运行环境支持便能运行的编程语言。C语言在问题描述方面要优于汇编语言,具有迅速、工作量小、可读性好、易于调试、可修改和移植等特点。现如今,C语言在编程领域的运用非常广泛,其兼顾高级语言和汇编语言的优点,主要用于计算机系统设计以及应用程序编写两大领域。不仅如此,C语言的普适性较强,在许多计算机操作系统中都能够应用,且效率高。

C语言由里奇和汤普森设计的B语言发展而来。1973年初,C语言的主体完成。1977年,里奇发表了不依赖于具体机器系统的C语言编译文本《可移植的C语言编译程序》。1982年,成立C标准委员会,建立C语言的标准。1989年,美国国家标准化协会(ANSI)发布了第一个完整的C语言标准。随着UNIX的发展,C语言也得到了不断的完善。直到2020年,各种版本的UNIX内核和周边工具仍然使用C语言作为最主要的开发语言,其中还有不少继承汤普森和里奇当初编写的代码。

C语言是一种结构化语言,具有清晰的层次,可按照模块的方式编写程序,十分有利于程序的调试,且C语言的处理和表现能力非常强大,依靠非常全面的运算符和多样的数据类型,可以轻易完成各种数据结构的构建,通过指针类型更可对内存直接寻址以及对硬件进行直接操作,因此不仅可用于开发系统程序,也可用于开发应用软件。C语言的主要特点可以概括为如下4个方面。

(1)简洁的语言和结构化的控制语句。C语言包含32个关键字和9种控制语句,程序编写要求宽松且以小写字母为主,语法较为精简。语句构成多与硬件无关联,且C语言本身不提供与硬件相关的输入输出、文件管理等功能,如需此类功能,需要通过配合编译系统所支持的各类库进行编程,故C语言拥有非常简洁的编译系统。C语言作为一种结构化的语言,其提供的控制语句具有显著的结构化特征,如for语句、if语句、while语句和switch语句等,可以用于实现函数的逻辑控制,方便面向过程的程序设计。

(2)丰富的数据类型和多种运算符。C语言包含的数据类型,既有传统的字符型、整型、浮点型、数组类型等数据类型,还具有其他编程语言所不具备的数据类型,其中以指针类型数据使用最为灵活,可以通过编程对各种数据结构进行计算。C语言包含34个运算符,它将赋值、括号等均视作运算符来操作,使C程序的表达式类型和运算符类型更加多样和丰富。

(3)可对物理地址进行直接操作。C语言允许对硬件内存地址进行直接读写,以此可以实现汇编语言的主要功能,并可直接操作硬件。C语言不但具备高级语言所具有的良好特性,而且包含了许多低级语言的优势,故在系统软件编程领域有着广泛的应用。

(4)代码的可移植性强并可生成高质量、高效率的目标代码。C语言是面向过程的编程语言,用户只需要关注所要解决问题的本身,而不需要花费过多的精力去了解相关硬件,且针对不同的硬件环境,在用C语言实现相同功能时的代码基本一致,不需或仅需进行少量改动便可完成移植。这就意味着,在一台计算机上用C语言编写的程序可以在另一台计算机上轻松地运行,从而极大地减少了程序移植的工作强度。与其他高级语言相比,C语言还可以生成高质量和高效率的目标代码。

1.3 MATLAB程序设计简介

MATLAB由美国MathWorks公司出品,是矩阵实验室(Matrix Laboratory)的简称,主要面向科学计算、可视化以及交互式程序设计的高科技计算环境。MATLAB、Mathematica和Maple并称为"三大数学软件"。它在数学类科技应用软件中的数值计算方面首屈一指。MATLAB可以进行矩阵运算、绘制函数和数据、实现算法、创建用户界面、连接其他编程语言的程序等,主要应用于工程计算、控制设计、信号处理与通信、图像处理、信号检测、金融建模设计与分析等领域。

MATLAB的基本数据单位是矩阵,它的指令表达式与数学、工程中常用的形式十分相似,故用MATLAB来解算问题要比用C、FORTRAN等语言完成相同的事情简捷得多。并且MATLAB也吸收了像Maple等软件的优点,成为一个强大的数学软件。在新的版本中,MATLAB也加入了对C、FORTRAN、C++、JAVA等语言的支持。

MATLAB起源于20世纪70年代,当时美国新墨西哥大学计算机科学系主任Cleve Moler为了减轻学生编程的负担,用FORTRAN编写了最早的MATLAB。

1984年,Little、Moler、Steve Bangert合作成立了MathWorks公司,并推出了MATLAB的第一个商业化的版本——MATLAB 3.0 DOS版本。

1992年,MathWorks公司推出了MATLAB 4.0版本。

1994年,MATLAB 4.2版本扩充了MATLAB 4.0版本的功能,尤其在图形界面设计方面提供了更多新的方法。

1997年,推出的MATLAB 5.0版本允许了更多的数据结构,比如单元数据、多维数据、对象与类等,使MATLAB成为一种更方便编程的语言。

1999年,推出的MATLAB 5.3版本在很多方面又进一步改进了MATLAB语言的功能。

2000年10月底,推出了全新的MATLAB 6.0正式版(Release 12),在核心数值算法、界面设计、外部接口、应用桌面等诸多方面有了极大的改进。

2022年,推出了MATLAB R2022版。经过MathWorks公司不断完善,MATLAB已经发展成为适合多学科、多种工作平台的功能强大的大型软件。在国外,MATLAB已经经受了多年的考验。尤其是在欧美等地的高校,MATLAB已经成为线性代数、自动控制理论、数理统计、数字信号处理、时间序列分析、动态系统仿真等高级课程的基本教学工具。如今,MATLAB已是攻读学位的大学本科生、硕士研究生、博士研究生必须掌握的基本技能。在设计研究单位和工业部门,MATLAB被广泛用于科学研究和解决各种具体问题。在国内,特别是在工程学术界,MATLAB已盛行起来。

MATLAB被称作"第四代计算机语言",具有丰富的函数资源,能够直接被调用,从而让编程人员从繁琐的程序编码中解放出来。不仅如此,MATLAB在图形显示和绘制方面,也提供了多种类型的函数库,给数据表达和图形显示带来了极大的便捷。总而言之,MATLAB的主要特点包括如下4个方面。

(1)语言简洁,库函数极其丰富,适用于高效编程。MATLAB程序编写自由,丰富的库函数能够让用户避开繁杂的子程序编程任务,压缩了一切不必要的编程工作。传统的程序设计语言,如FORTRAN和C等在涉及矩阵运算和绘图时,编程会很麻烦。举个简单的例子,如果用户想求解一个线性代数方程,就得编写一个程序块读取数据,然后再编写代码实现用一种求解线性方程的算法来求解方程,最后往往只能输出计算的数值结果,并不能输出更为直观的曲线。不仅如此,在求解过程中,需要对矩阵的元素作循环,稳定算法的选择以及代码调试都会变得较为繁琐和复杂,且不能保证运算的稳定性。所以,解线性方程的程序采用诸如FORTRAN和C之类的高级语言编写,至少需要几百行代码。而MATLAB仅需调用个别的函数就可轻松完成线性方程的求解工作。

(2)程序语法宽松、可移植性强,源程序的开放性好。在MATLAB中,用户可以直接对变量、向量和矩阵进行赋值,且可以轻易地改变数据的类型。MATLAB设计的程序基本上不用修改就可以在各种型号的计算机和操作系统上运行;且在MATLAB中,除内部函数以外,所有的核心文件和工具箱文件均可读可改,用户通过对源文件的修改和改进可形成新的工具箱。

(3)强大的绘图和可视化功能。在MATLAB中,数据的可视化非常简单,MATLAB自带了大量的图形绘制函数,包括常见的二维、三维散点图、曲线图、曲面图、等值线图、直方图和概率分布图等。不仅如此,MATLAB还具有强大的图形界面编辑能力。

(4)功能强大的多学科、多领域工具箱和函数库。MATLAB包含两个部分:核心部分和各种可选的工具箱。核心部分中有数百个核心内部函数。工具箱又分为两类:功能性工具箱和学科性工具箱。功能性工具箱主要用来扩充其符号计算功能、图示建模仿真功能、文字处理功能以及与硬件实时交互功能,可用于多种学科。而学科性工具箱专业性较强,如control toolbox、signal processing toolbox、communication toolbox等。这些工具箱都是由该领域内学术水平很高的专家编写的,所以用户无须编写自己学科范围内的基础程序,就可以直接进行高、精、尖的研究。

考虑到 MATLAB 软件具备的语言简洁、语法宽松简单、开源性好以及强大的绘图和可视化功能等特点,它十分适合常见地球物理勘探案例的简单计算、分析和显示。所以,本书精选地球物理勘探中的常见案例,以采用 MATLAB 软件进行程序设计为主,部分案例中加入 C 语言程序设计的内容,以期能够为初步涉足地球物理程序设计与案例分析的研究生、工程技术人员等提供参考和借鉴。

第 2 章　重力勘探程序设计与应用案例

重力勘探是通过测量与围岩有密度差异的地质体引起的重力异常,以确定地质体存在的空间位置、大小和形状,从而对工作地区的地质构造和矿产分布情况作出判断的一种地球物理勘探方法。本章设计多个案例,通过编程实现重力异常叠加的正演模拟、重力数据的解析延拓和高阶导数处理以及重力数据的反演;通过选取应用案例,将部分算法程序用于实际的探测数据分析。

2.1　重力异常叠加的正演模拟

在实际重力勘探时,观测的异常值通常是由多个地质异常体或者局部异常与区域异常叠加形成的综合响应,观测结果在形态和异常的幅值与分布范围上都明显区别于单个地质异常体的重力异常特征。因此,本节结合实际重力观测的特点,通过案例介绍多个局部异常叠加、局部异常与区域异常叠加的重力异常正演模拟。

2.1.1　多个局部异常的叠加

1. 水平方向上不同异常体的叠加

两个球体异常的叠加属于典型的局部异常叠加,如图 2.1 所示,计算时直接将两个球体在某观测点的异常值相加,即可得到叠加后的重力异常值。

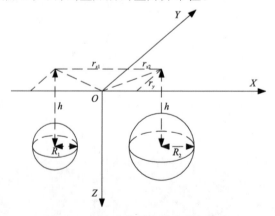

图 2.1　两个球体重力异常叠加模型

第 2 章 重力勘探程序设计与应用案例

其中,对于均匀球体,可将全部剩余质量集中在球心处进行计算,其计算公式可表示为

$$\begin{cases} \Delta g = \dfrac{GMD}{(x^2+D^2)^{3/2}} & \text{二度} \\ \Delta g = \dfrac{GMD}{(x^2+y^2+D^2)^{3/2}} & \text{三度} \end{cases} \tag{2.1}$$

式中:Δg 为重力异常(g.u.);D 为球心的埋藏深度(m);$M = \dfrac{4}{3}\pi R^3 \sigma$,为剩余质量(t),其中 R 为球体半径(m),σ 为剩余密度(t/m³);$G = 6.67 \times 10^{-2} \text{m}^3/(\text{t} \cdot \text{s}^2)$。

对于单一水平均匀无限长圆柱体,重力的计算公式可表示为

$$\begin{cases} \Delta g = \dfrac{2G\lambda D}{x^2+D^2} & \text{二度} \\ \Delta g = \dfrac{2G\lambda D}{x^2+y^2+D^2} & \text{三度} \end{cases} \tag{2.2}$$

式中:D 为圆柱体中轴线的埋藏深度(m);$\lambda = \pi R^2 \sigma$,为单位长度圆柱体的剩余质量(t),其中 R 为截面的半径(m),σ 为剩余密度(t/m³)。

例 2.1 编写程序调用均匀球体重力异常计算的函数,实现水平方向上两个不同尺寸均匀球体重力异常的叠加计算,其中 $R_1 = 20 \text{ m}, R_2 = 30\text{m}, h = 50\text{m}, \sigma_1 = 1.0\text{t/m}^3, \sigma_2 = 0.5\text{t/m}^3$。

(1)采用 C 语言编写程序计算,代码如下:

```
# include <iostream>
# include< math.h>
# include< stdio.h>
using namespace std;
//头文件的编写
//- - - - - - - - - - - - - - - 重力叠加
//定义一个函数
int main() {
    double R1 = 20.0,R2 = 30.0;
    double D = 50.0;
    double sigma1 = 1,sigma2 = 0.5;
    double rx1= - 40.0,rx2= 50.0;
    double ry = 0.0;
    double  G = 0.0667;
    double PI = 3.1415926;
    double dg[100][100]{};
    int x = - 100;

    void zhongliqiuti(double sigma, double R, double rx, double ry, double D);{
        for (int i = 1; i <= 40; i++) {    //行数
```

```
            for (int j = 1; j <= 40; j++) {    //列数
                for (; x <= 100; x += 5) {    //x轴步长为5,(-100,100)
                    for (int y = -100; y <= 100; y += 5) {    //y轴步长为5,范围(-100,100)
                        //dg1
                        double M1 = 4 * PI * R1 * R1 * R1 * sigma1 / 3;
                        double dg1 = (G * M1 * D) / sqrt(((x - rx1) * (x - rx1) + (y - ry) * (y - ry) + D * D) * ((x - rx1) * (x - rx1) + (y - ry) * (y - ry) + D * D) * ((x - rx1) * (x - rx1) + (y - ry) * (y - ry) + D * D));
                        //dg2
                        double M2 = 4 * PI * R2 * R2 * R2 * sigma2 / 3;
                        double dg2 = (G * M2 * D) / sqrt(((x - rx2) * (x - rx2) + (y - ry) * (y - ry) + D * D) * ((x - rx2) * (x - rx2) + (y - ry) * (y - ry) + D * D) * ((x - rx2) * (x - rx2) + (y - ry) * (y - ry) + D * D));
                        //叠加
                        double dg = dg1 + dg2;
                        printf("%f", dg);
                    }
                }
            }
        }
    }
    return 0;
}
```

(2)采用MATLAB软件编写程序调用均匀球体重力异常计算的函数,代码如下:

```
sigma1=1;sigma2=0.5;
R1=20;R2=30;
D=50;
x=-100:5:100;
y=-100:5:100;
rx1=-40;
rx2=50;
ry=0;
dg1=zhongliqiuti(sigma1,R1,rx1,ry,D,x,y);
dg2=zhongliqiuti(sigma2,R2,rx2,ry,D,x,y);
dg=dg1+dg2;
figure(1)
surf(x,y,dg);
```

```
shading interp
xlabel('{\itX}(m)');
ylabel('{\itY}(m)');
zlabel('{\Delta\it{g}}');
dw = colorbar;
title(dw,'{\Delta\it{g}}(g.u.)');
```

运行程序后,得到水平方向上两个不同尺寸均匀球体重力异常的叠加效果,如图 2.2 所示。

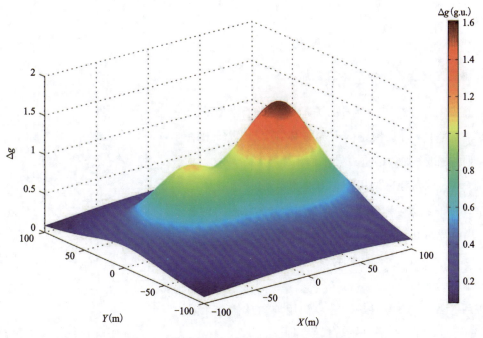

图 2.2　水平方向上两个球体的重力异常叠加

均匀球体的重力异常计算函数,可根据调用时输入的参数个数,实现二度和三度均匀球体的重力异常值计算,编写的函数所示如下:

```
function dg= zhongliqiuti(sigma,R,rx,ry,D,x,y)
% R 为球体半径,m
% D 为球心深度,m
% x、y 为观测坐标,m
% rx 为球心与观测原点的水平距离(有方向),m
% ry 为球心与观测原点的水平距离(有方向),m
% sigma 为剩余密度
G= 6.67* 1e- 2;
M= 4* pi* R.^3* sigma/3;
if nargin< 6 | nargin> 7
    disp('输入参数个数错误');
```

```
elseif nargin= = 6
%% 二度球体
dg= (G* M* D)./(((x- rx).^2+ D^2).^1.5);
else
%% 三度球体
for i= 1:length(x)
    for j= 1:length(y)
        dg(j,i)= (G* M* D)./(((x(i)- rx).^2+ (y(j)- ry).^2+ D.^2).^1.5);
    end
end
end
```

2. 垂直方向上不同异常体的叠加

垂直方向上多个重力异常的叠加同样属于典型的局部异常叠加,计算时直接将两个异常体在某点的异常值相加,即可得到叠加后的重力异常值。

例 2.2 编写程序调用均匀球体和无限长圆柱体重力异常计算的函数,实现垂直方向上两个异常体重力的叠加计算。模型如图 2.3 所示。其中,球体参数为 $R_1 = 20\mathrm{m}$, $h_1 = 50\mathrm{m}, \sigma_1 = 1.0\mathrm{t/m}^3$;圆柱体参数为 $R_2 = 30\mathrm{m}, h_2 = 100\mathrm{m}, \sigma_2 = 0.5\mathrm{t/m}^3$。

采用 MATLAB 软件编写程序调用均匀球体和无限长圆柱体重力异常计算的函数,代码如下:

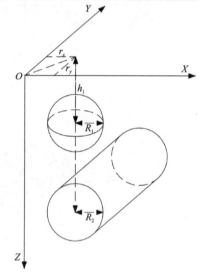

图 2.3 垂向上两个异常体重力叠加模型

```
sigma1= 1;sigma2= 0.5;
R1= 20;R2= 30;
D1= 50;D2= 100;
x= - 100:5:100;
y= - 100:5:100;
rx1= 0;
rx2= 0;
ry= 0;
dg1= zhongliqiuti(sigma1,R1,rx1,ry,D1,x,y);
dg2= zhongliyuanzhuti(sigma2,R2,rx2,D2,x,y);
dg= dg1+ dg2;
figure(1)
surf(x,y,dg);
shading interp
```

```
xlabel('{\itX}(m)');
ylabel('{\itY}(m)');
zlabel('{\Delta\it{g}}');
dw = colorbar;
title(dw,'{\Delta\it{g}}(g.u.)');
```

运行程序后,得到垂直方向上均匀球体与无限长圆柱体重力异常的叠加效果,如图2.4所示。

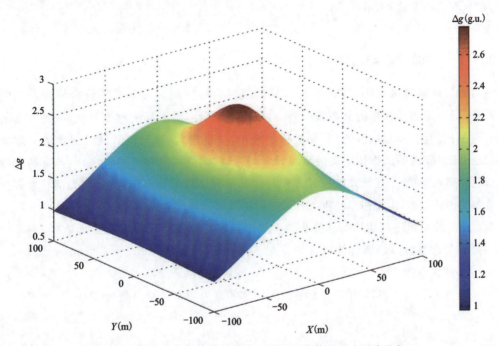

图2.4 垂直方向上均匀球体与无限长圆柱体的重力异常叠加

编写均匀无限长圆柱体的重力异常计算函数所示如下:

```
function dg= zhongliyuanzhuti(sigma,R,rx,D,x,y)
% R 为圆柱体截面半径,m
% D 为圆柱体中轴线深度,m
% x、y 为观测坐标,m
% rx 为截面圆心与观测原点的水平距离(有方向),m
% sigma 为剩余密度
G= 6.67* 1e- 2;
lamda= pi* R.^2* sigma;
%% 二度圆柱体
if nargin= = 5
for i= 1:length(x)
    dg= 2* (G* lamda* D)./((x(i)- rx).^2+ D.^2);
end
elseif nargin= = 6
```

```
%% 三度圆柱体
for i= 1:length(x)
  for j= 1:length(y)
    dg(j,i)= 2* (G* lamda* D)./((x(i)- rx).^2+ + D.^2);
  end
end
else
  disp('输入参数个数不正确！');
end
```

2.1.2　局部异常与区域异常的叠加

在重力异常解释过程中,通常将重力观测值视为由区域异常和局部异常叠加而成的结果。其中,区域重力异常指由分布较广、相对较深的地质因素引起的重力异常,这种异常的特征是异常幅值较大,异常范围较广,异常梯度较小,呈现出"低频"特征;而局部重力异常指由分布较小、相对较浅的地质体引起的重力异常,其异常幅值和分布范围较小,但异常的梯度较大,呈现出"高频"特征。在计算区域异常和局部异常叠加后的异常值时,虽然局部异常和区域异常叠加的形式较多,但观测点的重力异常值同样是局部异常与区域异常直接叠加的结果。

例 2.3　编写程序调用均匀球体和均匀无限长圆柱体的重力异常计算函数,实现单个球体重力异常与背景(区域)圆柱体异常的叠加。其中,球体参数为 $R_1 = 20\text{ m}, h_1 = 100\text{m}, \sigma_1 = 1.0\text{t/m}^3$;圆柱体参数为 $R_2 = 20\text{m}, h_2 = 100\text{m}, \sigma_2 = 0.5\text{t/m}^3$。

编写程序调用均匀球体和均匀无限长圆柱体的重力异常计算函数,代码如下:

```
clear all
clc
D= 100;
R1= 20;
R2= 20;
sigma1= 1.0;
sigma2= 0.5;
rx= 0;
ry= 0;
dsigma= sigma1- sigma2;
x= - 200:5:200;
y= - 200:5:200;
dg1= zhongliqiuti(dsigma,R1,rx,ry,D,x,y);
dg2= zhongliyuanzhuti(sigma2,R2,rx,D,x,y);
dg= dg1+ dg2;
contourf(x,y,dg,20);
xlabel('{\itX}(m)');
ylabel('{\itY}(m)');
```

```
dw = colorbar;
title(dw,'{\Delta\it{g}}(g.u.)');
```

运行程序后,计算得到均匀球体与背景均匀无限长圆柱体的重力异常叠加效果,如图 2.5 所示。

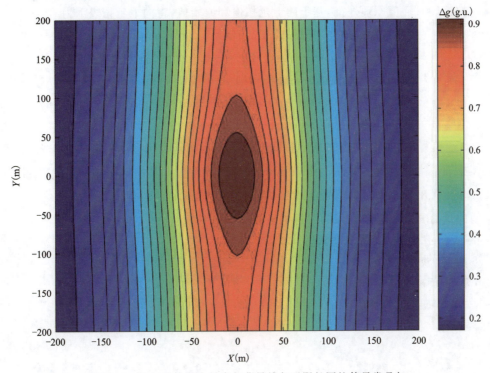

图 2.5 均匀球体重力异常与背景均匀无限长圆柱体异常叠加

2.2 重力异常的处理

2.2.1 重力异常的解析延拓

根据观测平面的重力异常值计算高于或低于该平面的异常值称为向上或向下延拓。向上延拓时,由于浅部异常体引起的"高频"异常随高度增加的衰减速度比较快,而深部较为宽缓的"低频"异常随高度增加的衰减速度比较慢,因此,向上延拓有利于突出深部异常,而向下延拓则有利于突出浅部异常。

求解一维重力异常的向上和向下延拓为无限范围内的连续积分形式,但为了能够通过计算机进行求解,需要将其近似为有限个离散数据点的求和形式,表示为

$$\Delta g(0,-h) = \frac{h}{\pi}\int_{-\infty}^{+\infty}\frac{\Delta g(\xi,0)}{\xi^2+h^2}\mathrm{d}\xi = \sum_{i=-n}^{n}\frac{\Delta g(ih,0)}{\pi}\arctan\frac{4}{4i^2+3} \quad (2.3)$$

进一步采用差分形式将向上延拓公式表示为

$$\Delta g(0,-h) = 0.295\ 1\Delta g(0) + 0.165\ 3[\Delta g(h) + \Delta g(-h)] +$$
$$0.066\ 0[\Delta g(2h) + \Delta g(-2h)] + 0.032\ 6[\Delta g(3h) + \Delta g(-3h)] +$$

$$0.019\,0[\Delta g(4h)+\Delta g(-4h)]+0.012\,4[\Delta g(5h)+\Delta g(-5h)]+$$
$$0.008\,7[\Delta g(6h)+\Delta g(-6h)]+0.006\,4[\Delta g(7h)+\Delta g(-7h)]+$$
$$0.004\,9[\Delta g(8h)+\Delta g(-8h)]+\cdots\cdots \tag{2.4}$$

采用拉格朗日插值原理外推,基于向上延拓值和原始值,将向下延拓表示为

$$\Delta g(0,-h)=3.704\,8\Delta g(0)-0.165\,2[\Delta g(h)+\Delta g(-h)]-$$
$$0.066\,0[\Delta g(2h)+\Delta g(-2h)]-0.032\,6[\Delta g(3h)+\Delta g(-3h)]-$$
$$0.019\,0[\Delta g(4h)+\Delta g(-4h)]-0.012\,4[\Delta g(5h)+\Delta g(-5h)]-$$
$$0.008\,7[\Delta g(6h)+\Delta g(-6h)]-0.006\,4[\Delta g(7h)+\Delta g(-7h)]-$$
$$0.004\,9[\Delta g(8h)+\Delta g(-8h)]-\cdots\cdots \tag{2.5}$$

例 2.4 编写程序调用重力异常数据向上和向下延拓函数,计算不同深度的球体与无限长圆柱体叠加重力异常向上和向下延拓 50m 的重力异常值。其中,球体参数为 $R_1=20\mathrm{m}$, $h_1=60\mathrm{m}$, $\sigma_1=0.8\mathrm{t/m^3}$;圆柱体参数为 $R_2=30\mathrm{m}$, $h_2=100\mathrm{m}$, $\sigma_2=0.6\mathrm{t/m^3}$。

编写的重力异常数据向上和向下延拓函数代码如下所示:

```
function dg_yantuo= zhongliyantuo(dg,h,x,dx)
% dg 为重力观测数据
% h 为延拓距离,向上为正,向下为负,m
% x 为观测范围
global l
global n
c1= [0.1653 0.066 0.0326 0.0190 0.0124 0.0087 0.0064 0.0049];% 向上延拓差分系数
c2= [0.1653 0.066 0.0325 0.0190 0.0124 0.0087 0.0064 0.0049];% 向下延拓差分系数
n= abs(h)/dx;
l= length(c1);
% % 向上延拓
if h> 0
for m= l* n+ 1:length(x)- l* n
    dgc1= 0;
for k= 1:l
    dgc1= dgc1+ c1(k)* (dg(m+ k* n)+ dg(m- k* n));% 向上延拓差分值
end
dg_yantuo(1,m)= 0.2951* dg(m)+ dgc1;
end
else
% % 向下延拓
for m= l* n+ 1:length(x)- l* n
    dgc2= 0;
for k= 1:l
    dgc2= dgc2+ c2(k)* (dg(m+ k* n)+ dg(m- k* n));% 向上延拓差分值
```

```
        end
        dg_yantuo(1,m)= 3.7048* dg(m)- dgc2;
    end
end
```

编写程序调用重力异常数据的延拓函数,计算不同深度的球体与无限长圆柱体叠加重力异常向上和向下延拓50m的重力异常值,代码如下:

```
clear
clc
global l
global n
h1= 50;% 延拓距离
h2= - 50;
sigma1= 0.8;sigma2= 0.6;
R1= 20;R2= 30;
D1= 60;D2= 100;
dx= 5;
x= - 500:dx:500;
rx1= 0;
rx2= 0;
ry= 0;
dg1= zhongliqiuti(sigma1,R1,rx1,ry,D1,x);
dg2= zhongliyuanzhuti(sigma2,R2,rx2,D2,x);
dg= dg1+ dg2;
dg_yantuo_up= zhongliyantuo(dg,h1,x,dx);
dg_yantuo_down= zhongliyantuo(dg,h2,x,dx);
plot(x(n* l+ 1:length(x)- n* l),dg(n* l+ 1:length(x)- n* l),'k- ');
hold on
plot(x(n* l+ 1:length(x)- n* l),dg_yantuo_up(n* l+ 1:length(x)- n* l),'k- - ');
hold on
plot(x(n* l+ 1:length(x)- n* l),dg_yantuo_down(n* l+ 1:length(x)- n* l),'k- * ');
xlabel('{\itX}(m)');
ylabel('{\Delta\it{g}}');
```

运行程序后,得到不同深度的球体与无限长圆柱体叠加重力异常向上和向下延拓50m后的重力异常值与原始值的对比曲线,如图2.6所示。

例2.5 根据某测区实测的重力异常数据,采用编写的重力异常数据向上和向下延拓函数,分别计算向上和向下延拓5m后的重力异常值。

编写程序调用重力异常数据的延拓函数,计算实测重力异常数据向上和向下延拓5m后的重力异常值,代码如下:

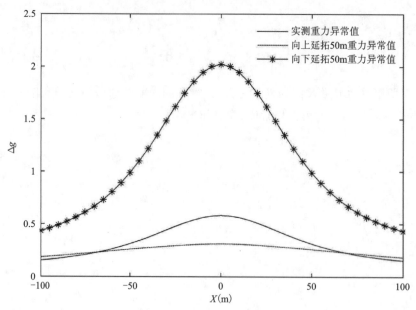

图 2.6 球体与圆柱体叠加重力异常与向上和向下延拓 50m 后的重力异常值对比

```
clear
clc
global l
global n
dg1= load('E:\zhongli.txt');% 加载实测重力异常数据
x0= dg1(:,1)';
dg0= dg1(:,2)';
dx= 5;
x= 0:dx:120;% 观测范围
dg= interp1(x0,dg0,x,'spline');% 插值为 5m 的测点距
h1= 5;% 延拓距离
h2= - 5;
dg_yantuo_up= zhongliyantuo(dg,h1,x,dx);
dg_yantuo_down= zhongliyantuo(dg,h2,x,dx);
figure(1)
plot(x(n* l+ 1:length(x)- n* l),dg(n* l+ 1:length(x)- n* l),'k- ');
hold on
plot(x(n* l+ 1:length(x)- n* l),dg_yantuo_up(n* l+ 1:length(x)- n* l),'k- - ');
hold on
plot(x(n* l+ 1:length(x)- n* l),dg_yantuo_down(n* l+ 1:length(x)- n* l),'k- + ');
xlabel('{\itX}(m)');
ylabel('{\Delta\it{g}}');
```

运行程序后,得到实测重力异常值,以及向上和向下延拓 5m 后的重力异常值,如图 2.7 所示。

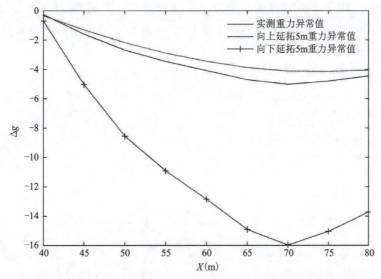

图 2.7　实测重力异常值与向上和向下延拓 5m 的重力异常值对比

2.2.2　重力异常的高阶导数法

计算重力异常的高阶导数是重力异常解释中常用的方法。该方法具有 3 个方面的优点：①可根据不同形状地质体的重力异常导数特征，对异常进行解释和分类；②有利于突出浅部重力异常体，压制区域性深部地质因素的重力效应，实现局部异常与区域叠加重力异常的分离；③有利于分离并解释相邻地质体引起的叠加重力异常。

重力异常的高阶导数 Δg_{zz} 分辨率高，可采用多种计算公式进行计算，此处介绍罗森巴赫公式，表示为

$$\Delta g_{zz} = \frac{1}{24R^2}\left[96\Delta g(0) - 72\,\overline{\Delta g}(R) - 32\,\overline{\Delta g}(\sqrt{2}R) + 8\,\overline{\Delta g}(\sqrt{5}R)\right] \qquad (2.6)$$

式中，数据观测点的位置如图 2.8 所示，$\overline{\Delta g}$ 表示不同数据观测位置上的重力异常平均值。

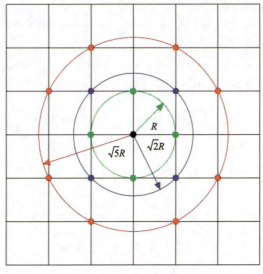

图 2.8　计算高阶导数的取数板

例 2.6 利用 MATLAB 软件编写重力异常高阶导数计算函数,计算两个相邻球体叠加重力异常的高阶导数 Δg_{zz}。两个球体的参数分别为 $R_1 = 20\text{ m}, R_2 = 10\text{m}, h = 50\text{m}, \sigma = 0.7\text{t/m}^3$,两个球体球心的水平坐标分别为 -40m 和 20m。

编写重力异常高阶导数计算函数,代码如下:

```
function dg= gaojiedaoshu(x,y,dx,g)
R= dx;% 取数点半径
dg= zeros(length(x),length(y));
for i= 3:length(x)- 3
    for j= 3:length(y)- 3
        dg(i,j)= 1/24/R^2* (96* g(i,j)- ...
            72* (g(i- 1,j)+ g(i+ 1,j)+ g(i,j- 1)+ g(i,j+ 1))/4- ...
            32* (g(i- 1,j- 1)+ g(i+ 1,j+ 1)+ g(i+ 1,j- 1)+ g(i- 1,j+ 1))/4+ ...
            8* (g(i- 2,j- 1)+ g(i+ 2,j+ 1)+ g(i+ 2,j- 1)+ g(i- 2,j+ 1)+ ...
            g(i- 1,j- 2)+ g(i+ 1,j+ 2)+ g(i+ 1,j- 2)+ g(i- 1,j+ 2))/8);
    end
end
```

编写程序调用重力异常高阶导数计算函数,计算两个相邻球体叠加重力异常的高阶导数,代码如下:

```
clear
clc
sigma= 0.7;
R1= 20;R2= 10;
D1= 50;
dx= 5;dy= 5;
x= - 100:dx:100;
y= - 100:dy:100;
rx1= - 40;
rx2= 20;
ry= 0;
g1= zhongliqiuti(sigma,R1,rx1,ry,D1,x,y);
g2= zhongliqiuti(sigma,R2,rx2,ry,D1,x,y);
g= g1+ g2;
figure(1)
subplot(1,2,1)
imagesc(x,y,g);
xlabel('{\itX}(m)');
ylabel('{\itY}(m)');
dw = colorbar;
title(dw,'{\Delta\it{g}}(g.u.)')
```

```
dg= gaojiedaoshu(x,y,dx,g);
subplot(1,2,2)
imagesc(x(3:length(x)- 3),y(3:length(y)- 3),dg(3:length(x)- 3,3:length(y)- 3));
xlabel('{\itX}(m)');
ylabel('{\itY}(m)');
dw = colorbar;
title(dw,'{\Delta\it{g}}(g.u.)')
```

运行程序，得到两个球体重力异常值与其高阶导数计算结果，如图 2.9 所示。

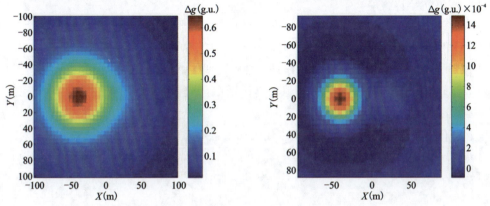

图 2.9　两个球体的重力异常值叠加结果（左）及其高阶导数计算结果（右）

2.3　重力数据的二维反演

在已知重力场测量数据和分布特征，通常是获得空间坐标和观测场，来确定勘探目标位置地下的异常特征，包括空间位置、形状、产状、规模、剩余密度等，称之为重力异常的反演。重力异常反演通常依赖于一定的多元非线性函数关系，求解该函数关系是反演的关键。由于函数关系较为复杂，通常求解有两种思路：一种是将非线性函数关系转化为线性或者是广义线性问题进行求解，可以利用最小二乘、共轭梯度、牛顿法等进行求解；还有一种是直接采用非线性的求解方法，如遗传算法、果蝇算法、蚁群算法等，也可以采用机器学习等人工智能的方法。

本节介绍利用粒子群优化算法实现重力数据的二维反演。粒子群优化算法（Particle Swarm Optimization，PSO 算法）是一种进化计算技术，源于对鸟群捕食行为的研究；PSO 同遗传算法类似，是一种基于迭代的优化工具。开始初始化为一组随机解，通过粒子在解空间追随最优的粒子进行搜索，迭代搜索最优值。

具体的算法步骤如下：

①随机初始化种群中各粒子的位置和速度；

②评价各粒子的适应度值，将各粒子的位置及适应度值存储在各粒子的最优值 Fitness Value 中，然后把 Fitness Value 中最优个体位置和适应度值存储在 opt Swarm All, best Fitness Value 中；

③更新粒子的速度和位移：
$$v_{i,j}(t+1) = \omega v_{i,j}(t) + c_1 r_1 [p_{i,j} - x_{i,j}(t)] + c_2 r_2 [p_{g,j} - x_{i,j}(t)]$$
$$x_{i,j}(t+1) = x_{i,j}(t) + v_{i,j}(t+1), j = 1, 2, \cdots, d$$

式中：$x_{i,j}(t)$ 为粒子位置；$v_{i,j}(t)$ 为粒子速度；$p_{g,j}$ 为最优粒子；

④更新权重
$$w = w_{\max} - \frac{t * (w_{\max} - w_{\min})}{t_{\max}}$$

式中：$t_{\max}$ 为最大迭代次数；

⑤对每个粒子，将其适应度值与其经历过的最好位置作比较，如果较好，则将其作为当前最好位置，比较当前最优值，更新最优值的位置和对应的粒子；

⑥若满足停止条件，搜索停止，输出结果，否则返回③继续搜索。

例 2.7 利用 MATLAB 软件编写遗传算法函数，并利用重力正演的异常值进行重力数据的二维反演计算。

基于粒子群优化算法的重力反演程序代码如下：

```
clear
clc
dx= 10;
dh= 10;
%%%%%%%%%%%%%%%%%%%   构建模型   %%%%%%%%%%%%%%%%
nx= 101;nz= 101;
for is= 1:101
    for jr= 1:101
        g1(is,jr)= 900;
        if (is- 50)* (is- 50)+ (jr- 50)* (jr- 50)< 100
            g1(is,jr)= 1000;
        end
    end
end
figure;
imagesc(dh.* (1:nx),dx.* (1:nx),g1)
xlabel('{\itX}(m)');
ylabel('{\itY}(m)');
dw = colorbar;
title(dw,'密度(kg/m^3);

g2 = g1(:);
grav_obs= zhengyan1(g2,nx,nz,dx,dh)+ randn(nx,1);% % 模拟观测数据
```

```
%%%%%%%%%%%%%%%%%%    PSO   %%%%%%%%%%%%%%%%%%%%%%%%%%%
g11= smooth(g1,4);% 光滑模型
figure;imagesc(g11)
g21= g11(:);
SwarmSize= 20;% 粒子个数
g21_min= min(g21).* ones(length(g21),1);
g21_max= max(g21).* ones(length(g21),1);

Swarm= zeros(length(g21),SwarmSize);
vactor= zeros(length(g21),SwarmSize);
FitnessValue= zeros(SwarmSize,1);
newFitnessValue= FitnessValue;
v_max= 0.5;
v_min= - v_max;

w= 0.729;% 权重因子
MaxW= 0.95;
MinW= 0.4;
c1= 2;% 学习因子1
c2= 2;% 学习因子2
c1_min= 0.5;
c1_max= 2.5;
c2_min= 0.5;
c2_max= 2.5;
r= 1;% 约束因子
LoopCount= 20;
e= 1;
%% 初始化粒子群
    for i= 1:SwarmSize
        Swarm(:,i)= g21+ 0.1.* (g21_max- g21_min).* rand(nz* nx,1);
        vactor(:,i)= v_min+ 0.1.* (v_max- v_min).* rand(nz* nx,1);
        FitnessValue(i)= CalculateFitnessValue( SwarmSize,grav_obs,Swarm(:,i),nx,nz,dx,dh);
    end
% 把第一个解作为历史最优解
optSwarmHistory= Swarm;
%% 寻找适应度值最大值所对应的粒子,并作为全局最优粒子
[optSwarmAll,bestFitnessValue ]= SearchBest( Swarm,FitnessValue );
    for t= 1:LoopCount
```

```matlab
            for i= 1:SwarmSize
                w= MaxW- t* (MaxW- MinW)/LoopCount;% 权重因子
                c1= c1_max+ (c1_max- c1_min)* t/LoopCount;
                c2= c2_min+ (c2_max- c2_min)* t/LoopCount;
                vactor(:,i)= w* vactor(:,i)+ c1* rand().* (optSwarmHistory(:,i)- Swarm(:,i))+ c2* rand().* (optSwarmAll- Swarm(:,i));
                % 如果速度超过范围,则设置为最大值
                for j= 1:1
                    if(vactor(i,j)> v_max(j))
                        vactor(i,j)= v_max(j);
                    elseif(vactor(i,j)< v_min(j))
                        vactor(i,j)= v_min(j);
                    end
                end
                Swarm(:,i)= Swarm(:,i)+ r* vactor(:,i);% 粒子更新

newFitnessValue(i,1)= CalculateFitnessValue(SwarmSize,grav_obs,Swarm(:,i),nx,nz,dx,dh);
% 更新历史最优解
                if(newFitnessValue(i,1)< FitnessValue(i,1))
                    FitnessValue(i,1)= newFitnessValue(i,1);
                    optSwarmHistory(:,i)= Swarm(:,i);
                end
            end


                [ optSwarmAll, bestFitnessValue ] = SearchBest( optSwarmHistory, FitnessValue );
    end
%%%%%%%%%%%  display  %%%%%%%%%%%%%%%%%%%%%%
g_new= reshape(optSwarmAll,nz,nx);
imagesc(dh.* (1:nx),dx.* (1:nx),g_new)
xlabel('{\itX}(m)')
ylabel('{\itY}(m)')
dw = colorbar;
title(dw,'密度(kg/m^3)');
```

二维重力反演的真实模型如图 2.10 所示,反演结果如图 2.11 所示。

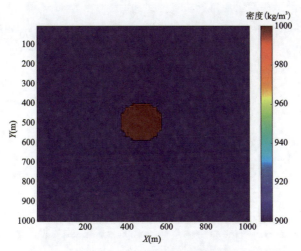

图 2.10　重力反演的真实模型

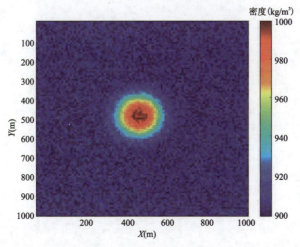

图 2.11　重力反演的结果

编写重力反演中调用的 function 函数,具体如下:
①计算适应度值

```
function [ FitnessValue ] = CalculateFitnessValue(N,grav_obs,Swarm,nx,nz,dx,dh )
    FitnessValue= F_target(N,grav_obs,Swarm,nx,nz,dx,dh );
end
```

②计算模型误差

```
function F= F_target(N,grav_obs,Swarm,nx,nz,dx,dh)
    F= (1/N).* norm(grav_obs- zhengyan1(Swarm,nx,nz,dx,dh))./norm(grav_obs);
end
```

③寻找最优值及对应的粒子

```
function [ optSwarmAll,bestFitnessValue ] = SearchBest( Swarm,FitnessValue )
bestFitnessValue= FitnessValue(1,1);
optSwarmAll= Swarm(:,1);
```

```
            for i= 1:size(FitnessValue,1)
                if(FitnessValue(i,1)< bestFitnessValue)
                    bestFitnessValue= FitnessValue(i,1);
                    optSwarmAll= Swarm(:,i);
                else
                    optSwarmAll= Swarm(:,1);
                end
            end
        end
```

④光滑函数

```
function S =  smooth(M,smoothness)
S= imfilter(M,fspecial('gaussian',[50 50],smoothness),'replicate');
```

⑤正演函数

```
function [g]= zhengyan1(g2,nx,nz,dx,dh)
G= 6.6732e- 11;%
d= dx; h= dh;
x1 =  [0:dx:(nx- 1)* dx];x =  x1+ d/2;
z1 =  [0:h:(nz- 1)* h]'; z =  z1+ h/2;
zz =  repmat(z,1,nx);   xx =  repmat(x,nz,1);
nb =  nx* nz;
for i= 1:nx
    for j =  1:nb
        r1 =  ((zz(j)- h/2).^2 +  (x(i)- xx(j)+ d/2).^2).^0.5;
        r2 =  ((zz(j)+ h/2).^2 +  (x(i)- xx(j)+ d/2).^2).^0.5;
        r3 =  ((zz(j)- h/2).^2 +  (x(i)- xx(j)- d/2).^2).^0.5;
        r4 =  ((zz(j)+ h/2).^2 +  (x(i)- xx(j)- d/2).^2).^0.5;
        theta1 =  atan((x(i)- xx(j)+ d/2)/(zz(j)- h/2));
        theta2 =  atan((x(i)- xx(j)+ d/2)/(zz(j)+ h/2));
        theta3 =  atan((x(i)- xx(j)- d/2)/(zz(j)- h/2));
        theta4 =  atan((x(i)- xx(j)- d/2)/(zz(j)+ h/2));
        g3(i,j) =  2* G* ((x(i)- xx(j)+ d/2)* log((r2* r3)/(r1* r4)) + d* log(r4/r3)...
                  - (zz(j)+ h/2)* (theta4- theta2)+ (zz(j)- h/2)* (theta3- theta1));
    end
end
g =  1e5.* g3* g2;
```

第 3 章 磁法勘探程序设计与应用案例

磁法勘探是通过观测和分析由岩石、矿物等地质体磁性差异所引起的磁异常,解释地质构造、探测矿产资源分布规律的一种地球物理方法。本章重点介绍磁异常的数据处理、磁分量的转换计算,以及磁法观测数据的反演等相关的程序设计应用案例。

3.1 磁异常的解析延拓

磁异常的叠加和延拓与重力异常延拓较为相似,本节以不同深度的球体磁异常叠加和向上、向下延拓为例,结合实测数据介绍磁法勘探的叠加和解析延拓处理。

均匀球体的磁异常计算公式表示为

$$
\begin{aligned}
H_{ax} &= \frac{\mu_0}{4\pi} \frac{m}{(x^2+y^2+R^2)^{5/2}} [(2x^2-y^2-R^2)\cos I\cos A - \\
& \quad 3Rx\sin I + 3xy\cos I\sin A] \\
H_{ay} &= \frac{\mu_0}{4\pi} \frac{m}{(x^2+y^2+R^2)^{5/2}} [(2y^2-x^2-R^2)\cos I\sin A - \\
& \quad 3Ry\sin I + 3xy\cos I\cos A] \\
Z_a &= \frac{\mu_0}{4\pi} \frac{m}{(x^2+y^2+R^2)^{5/2}} [(2R^2-x^2-y^2)\sin I - \\
& \quad 3Rx\cos I\sin A + 3Ry\cos I\sin A] \\
\Delta T &= H_{ax}\cos I\cos A + H_{ay}\cos I\sin A + Z_a\sin I
\end{aligned}
\quad (3.1)
$$

式中:$m = MV$,为球体有效磁矩,其中 $M=kB/\mu_0$,为磁化强度,k 为磁化率,B 为磁场强度,V 为球体体积;R 为球体中心埋深;I 为磁化倾角;A 为观测剖面与磁化强度水平投影的夹角,如图 3.1 所示。

无限长水平圆柱体的磁异常计算公式表示为

$$
\begin{aligned}
H_{ax} &= -\frac{\mu_0}{2\pi} \frac{m}{(x^2+R^2)^2} [(R^2-x^2)\cos i - 2Rx\sin i] \\
Z_a &= \frac{\mu_0}{2\pi} \frac{m}{(x^2+R^2)^2} [(R^2-x^2)\sin i - 2Rx\cos i] \\
\Delta T &= \frac{\mu_0}{2\pi} \frac{m}{(x^2+R^2)^2} [(R^2-x^2)(\sin i\sin I - \cos i\cos I\cos A) - \\
& \quad 2Rx(\cos i\sin I + \sin i\cos I\cos A)]
\end{aligned}
\quad (3.2)
$$

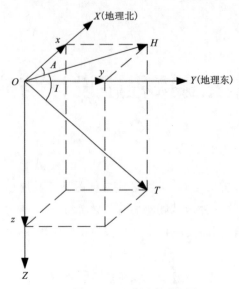

图 3.1 地磁要素示意图

式中：$m = MS$，为磁化磁矩，其中，$M = kB/\mu_0$，为磁化强度，k 为磁化率，B 为磁场强度，S 为圆柱体横截面积；R 为圆柱体中心埋深；I 为磁化倾角；A 为观测剖面与磁化强度水平投影夹角。

在磁异常延拓处理中，向上延拓主要用于削弱浅部的局部磁异常干扰，反映深部的磁异常，其延拓公式为

$$\begin{cases} H_{ax}(x,z) = -\dfrac{z}{\pi} \displaystyle\int_{-\infty}^{\infty} \dfrac{H_{ax}(\xi,0)}{(\xi-x)^2+z^2} \mathrm{d}\xi \\ Z_a(x,z) = -\dfrac{z}{\pi} \displaystyle\int_{-\infty}^{\infty} \dfrac{Z_a(\xi,0)}{(\xi-x)^2+z^2} \mathrm{d}\xi \\ \Delta T(x,z) = -\dfrac{z}{\pi} \displaystyle\int_{-\infty}^{\infty} \dfrac{\Delta T(\xi,0)}{(\xi-x)^2+z^2} \mathrm{d}\xi \end{cases} \quad (3.3)$$

在坐标原点处向上延拓 $-h$，利用积分中值定理得到

$$\begin{cases} H_{ax}(0,-h) = \displaystyle\sum_{N=-\infty}^{\infty} \dfrac{H_{ax}(Nh,0)}{\pi} \arctan \dfrac{4}{4N^2+3} \\ Z_a(0,-h) = \displaystyle\sum_{N=-\infty}^{\infty} \dfrac{Z_a(Nh,0)}{\pi} \arctan \dfrac{4}{4N^2+3} \\ \Delta T(0,-h) = \displaystyle\sum_{N=-\infty}^{\infty} \dfrac{\Delta T(Nh,0)}{\pi} \arctan \dfrac{4}{4N^2+3} \end{cases} \quad (3.4)$$

在实际向上延拓过程中，通常取有限个点进行计算，如取 $N = 10$。磁异常的向下延拓通过拉格朗日插值外推获得，表示为

$$\Delta T(0,h) = C_0 \Delta T(0,0) + \sum_{i=1}^{\infty} C_i [\Delta T(Nh,0) + \Delta T(-Nh,0)] \quad (3.5)$$

式中，C_i 为延拓系数，$i = 0,1,2,\cdots,N-1,N$，其取值如表 3.1 所示。

第 3 章 磁法勘探程序设计与应用案例

表 3.1 磁异常向下延拓系数取值表

N	0	1	2	3	4	5	6
C_i	5.260 4	−2.248 6	0.267 3	−0.060 3	−0.019 0	−0.012 4	−0.008 7

例 3.1 编写磁异常延拓的计算函数,计算如图 3.2 所示模型的磁异常叠加和延拓值。其中,球体 1 中心埋深 $R_1 = 50$ m,半径 $r_1 = 10$ m,$k = 0.015$(SI),$B = 50\ 000$ nT,$A = 30°$,$I = 45°$;球体 2 中心埋深 $R_2 = 20$ m,半径 $r_2 = 5$ m,$k = 0.015$(SI),$B = 50\ 000$ nT,$A = 30°$,$I = 45°$。

首先,编写磁异常延拓计算函数,代码如下:

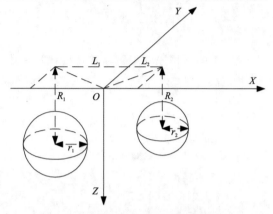

图 3.2 两个球体的磁异常叠加模型

```
function [DeltaT_yantuo,x0]= ciyichangyantuo(DeltaT,h0,dx,x)
% h0 为延拓高度,向上为正,向下为负
h= abs(h0)/dx;% 以网格进行计算
m= length(x);
if h0> 0
%% 向上延拓
n1= 5;% 计算点数 N
DeltaT_up= zeros(1,m);
for i= h* n1+ 1:m- h* n1
    tem= 0;
    for j= (i- n1* h):h:i+ n1* h
        k= ((j- i)/h)^2;
        tem= tem+ DeltaT(j)* atan(4/(4* k+ 3))/pi;
    end
    x0(i- h* n1)= x(i);
    DeltaT_yantuo(i- h* n1)= tem;
end
else
%% 向下延拓
C= [- 2.2486 0.2673 - 0.0603 - 0.0190 - 0.0124 - 0.0087];
DeltaT_down= zeros(1,m);
n2= 6;% 延拓因子长度
for i= h* n2+ 1:m- h* n2
    dt= 0;
    for j= 1:6
```

```
            dt= dt+ C(j)* (DeltaT(i+ j* h)+ DeltaT(i- j* h));
         end
         DeltaT_yantuo(i- h* n2)= 5.2604* DeltaT(i)+ dt;
         x0(i- h* n2)= x(i);
      end
   end
```

然后,编写程序调用磁异常延拓计算函数,代码如下:

```
clear all
clc
% % 原始二维球体磁异常叠加曲线
h1= 20;% 延拓高度
h2= - 20;% 延拓高度
dx= 5;% 测点距
x= - 400:dx:400;
A= pi/6;
I= pi/4;
R1= 50;R2= 20;
r1= 10;r2= 5;
L1= 50;L2= 20;
B= 50000;
k= 0.015;
[Hax1,Hay1,Za1,DeltaT1]= MAG_sphere(x+ L1,0,R1,r1,A,I);
[Hax2,Hay2,Za2,DeltaT2]= MAG_sphere(x- L2,0,R2,r2,A,I);
DeltaT= DeltaT1+ DeltaT2;
[DeltaT_up,x_up]= ciyichangyantuo(DeltaT,h1,dx,x);
[DeltaT_down,x_down]= ciyichangyantuo(DeltaT,h2,dx,x);
figure(1)
plot(x,DeltaT,'k- ');
hold on
plot(x_up,DeltaT_up,'r- * ');
hold on
plot(x_down,DeltaT_down,'b- + ');
xlabel('{\itX}(m)');
ylabel('{\Delta\it{T}}(nT)');
legend('原始曲线','向上延拓 20m','向下延拓 20m');
```

最后,运行程序,得到不同深度的两个球体磁异常叠加以及分别向上和向下延拓 20m 磁异常值,如图 3.3 所示。

编写单个均匀球体磁异常计算函数,代码如下:

```
function [Hax,Hay,Za,Delta_T]= MAG_sphere(x,y,R,r,A,I)
% 球体磁场正演
B= 50000;
k= 0.015;
```

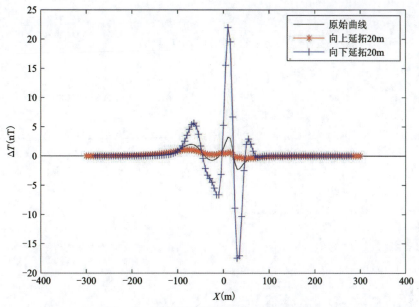

图 3.3　二维球体磁异常叠加和延拓结果

```
V= 4* pi* r^3/3;% 球体体积
mu= 4* pi* 1e- 7;
M= k* B/mu;
m= M* V;% 球体磁矩
for i= 1:size(x,2)
for j= 1:size(y,2)
    Hax(j,i)= (mu/(4* pi))* m* ((2* x(i).^2- y(j).^2- R^2)* cos(I)* cos(A)...
    - 3* R* x(i)* sin(I)+ 3* x(i)* y(j)* cos(I)* sin(A))/((R^2+ x(i).^2+ y(j).
^2)^2.5);
    Hay(j,i)= (mu/(4* pi))* m* ((2* y(j).^2- x(i).^2- R^2)* cos(I)* sin(A)...
    - 3* R* y(j)* sin(I)+ 3* x(i)* y(j)* cos(I)* cos(A))/((R^2+ x(i).^2+ y(j).
^2)^2.5);
    Za(j,i)= (mu/(4* pi))* m* ((2* R^2- y(j).^2- x(i).^2)* sin(I)...
    - 3* R* x(i)* cos(I)* sin(A)+ 3* R* y(j)* cos(I)* sin(A))/((R^2+ x(i).^2+
y(j).^2)^2.5);
    Delta_T(j,i)= Hax(j,i)* cos(I)* cos(A)+ Hay(j,i)* cos(I)* sin(A)+ Za(j,i)*
sin(I);
end
end
```

例 3.2　根据某测区实测的磁法观测数据,采用编写的磁异常延拓函数,计算向上和向下延拓 10m 的磁异常值。

编写程序依次读取磁异常数据并成像,调用磁异常的延拓函数计算实测磁异常向上和向下延拓 10m 的磁异常值,代码如下:

```
clear all
clc
% % 磁异常实测数据读取
```

```
ci= load('E:\cifa.txt');
for i= 1:length(ci)
ci0(ci(i,2)- 39500000,ci(i,3)- 3600000)= ci(i,1);
end
dx= 10;dy= 5;
[x0,y0]= meshgrid(min(ci(:,2)- 39500000):dy:max(ci(:,2)- 39500000),min(ci(:,3)-
3600000):dx:max(ci(:,3)- 3600000));
[x,y]= meshgrid(min(ci(:,2)- 39500000):max(ci(:,2)- 39500000),min(ci(:,3)-
3600000):max(ci(:,3)- 3600000));
ci1= ci0(min(ci(:,2)- 39500000):dy:max(ci(:,2)- 39500000),min(ci(:,3)- 3600000):
dx:max(ci(:,3)- 3600000))';
ci2= interp2(x0,y0,ci1,x,y,'spline');
figure(1)
subplot(2,1,1)
contourf(x,y,ci2,32);
xlabel('West- East (39500000+ )');
ylabel('South- North (3600000+ )');
dw = colorbar;
title(dw,'{\Delta\it{T}}(nT)');
subplot(2,1,2)
plot(x(11,:),ci2(11,:));
xlabel('West- East (39500000+ )');
ylabel('{\Delta\it{T}}(nT)');
title('Line 2');
%% 磁异常延拓
h1= 10;
h2= - 10;
for i= 1:41
[DeltaT_up(i,:),x_up(i,:)]= ciyichangyantuo(ci2(i,:),h1,dy,x(i,:));
[DeltaT_down(i,:),x_down(i,:)]= ciyichangyantuo(ci2(i,:),h2,dy,x(i,:));
end
figure(2)
subplot(2,1,1)
contourf(x_up,y(:,11:46),DeltaT_up,32);
title('向上延拓 10m');
xlabel('West- East (39500000+ )');
ylabel('South- North (3600000+ )');
dw = colorbar;
title(dw,'{\Delta\it{T}}(nT)');
subplot(2,1,2)
contourf(x_down,y(:,13:44),DeltaT_down,32);
title('向下延拓 10m');
xlabel('West- East (39500000+ )');
```

```
ylabel('South- North (3600000+ )');
dw = colorbar;
title(dw,'{\it{\DeltaT}}(nT)');
figure(3)
plot(x(11,:),ci2(11,:),'b- ');
hold on
plot(x_up(11,:),DeltaT_up(11,:),'k- + ');
hold on
plot(x_down(11,:),DeltaT_down(11,:),'k- * ');
xlabel('West- East (39500000+ )');
ylabel('{\Delta\it{T}}(nT)');
title('Line 2');
legend('磁异常值','向上延拓 10m','向下延拓 10m');
```

运行程序,绘制磁异常结果,如图 3.4 所示。

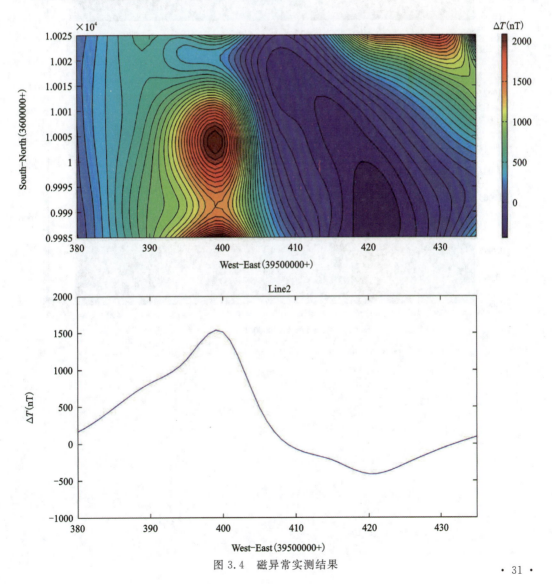

图 3.4 磁异常实测结果

编写程序调用磁异常的延拓函数,计算向上和向下延拓 10m 的磁异常值平面和剖面分别如图 3.5 和图 3.6 所示。

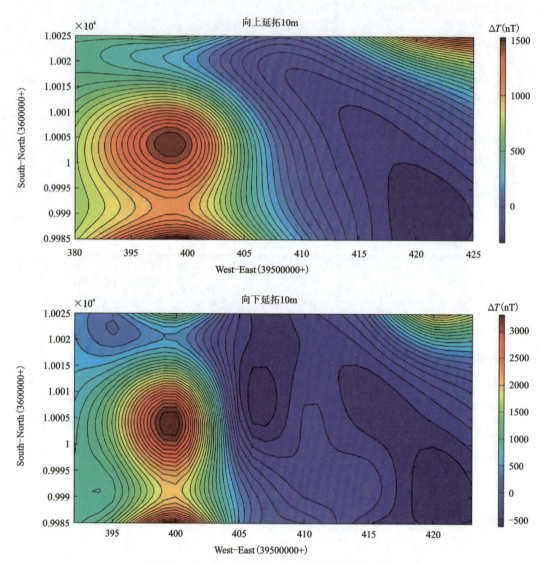

图 3.5　向上和向下延拓 10m 的磁异常值平面图

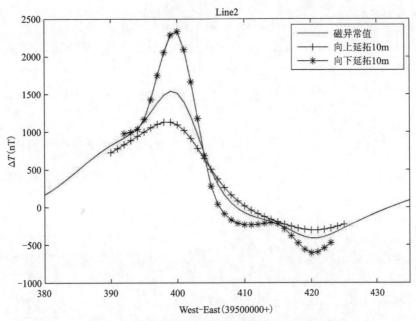

图 3.6 测线 2 向上和向下延拓 10m 的磁异常曲线

3.2 磁法三维反演

磁法反演需要反演计算出磁异常体空间位置、形状、产状、规模、磁化强度的大小和方向等。磁法反演涉及的场源非均匀性和多解性问题要比重力反演问题复杂,前者主要因为自然地质条件下非均匀磁性现象较为普遍;后者则是因为磁异常响应不仅与磁化场的大小和方向有关,还与场源的参数与关,属于多种因素融合后的结果。

磁法反演的思路与重力反演类似,即可以将复杂的函数关系近似线性化或广义线性化,也可以采用非线性方法、人工智能算法等。

本节介绍磁法的三维反演,采用最优化算法中的共轭梯度法求解磁法的反演问题。共轭梯度法是利用目标函数梯度逐步产生共轭方向作为线搜索方向的方法,每次搜索方向都是在目标函数梯度的共轭方向,搜索步长通过一维极值算法确定。

具体步骤如下:

①给定初始模型 m_0,及精度 $\varepsilon > 0$;

②若 $\|\nabla f(m)\| \leqslant \varepsilon$,停止,最优化模型为 m_0,否则转③;

③取 $P_0 = -\nabla f(m_0)$,且令 $k=0$;

④用一维线搜索法求取步长 α,满足 $f(m_k + \alpha_k P_k) = \min f(m_k + \alpha P_k)$,令 $m_{k+1} = m_k + \alpha_k P_k$,转⑤;

⑤若 $\|\nabla f(m_{k+1})\| \leqslant \varepsilon$,停止,最优解为 m_{k+1},否则转⑥;

⑥ $k+1 = n$,令 $m_0 = m_n$,转③,否则转⑦;

⑦令 $P_{k+1}=-\nabla f(m_{k+1})+\alpha_k P_k$，$\alpha_k=\dfrac{\|\nabla f(m_{k+1})\|^2}{\|\nabla f(m_k)\|^2}$，$k=k+1$，转④。

例 3.3 利用 MATLAB 软件编写程序实现磁法正演数据的三维反演。

先编写程序，建立磁异常模型，具体代码如下：

```matlab
%%%%%%%%%%%%%%%%    生成模型    %%%%%%%%%%%%%
clc
clear
close all
xmin= 0;xmax= 30000;
ymin= 0;ymax= 20000;
nx= 61; ny= 41;
lx= (xmax- xmin)/(nx- 1);
ly= (ymax- ymin)/(ny- 1);
x= xmin:lx:xmax; y= ymin:ly:ymax;
[xx,yy]= meshgrid(x,y);
zz= 0* cos(4* pi* (xx- (xmax+ xmin)/2)/(xmax- xmin)).* cos(pi* (yy- (ymax+ ymin)/2)/(ymax- ymin));
xyzm= [xx(:),yy(:),zz(:),zz(:)* 0];
num= 3;
I0= 60;
A0= 10;
n= 1;
model(n).xyz= [7500,10000,- 4000];
model(n).size0= [4000,5000,4000];
t= 0;
for i= - 1:2:1
    for j= - 1:2:1
    for k= - 1:2:1
        t= t+ 1;
        model(n).MD(t,:)= model(n).xyz+ [i,(j),k].* model(n).size0/2;
    end
    end
end
model(n).rho= 0.5;
model(n).M= 5;
model(n).I= 60;
model(n).A= 10;
model(n).s= delaunayTriangulation(model(n).MD);
```

```matlab
    [model(n).K,~ ] = convexHull(model(n).s);
n= 2;
model(n).xyz= [15000,10000,- 5000];
model(n).size0= [5000,5000,5000];
t= 0;
for i= - 1:2:1
        for j= - 1:2:1
          for k= - 1:2:1
              t= t+ 1;
              model(n).MD(t,:)= model(n).xyz+ [i,j,k].* model(n).size0/2;
          end
        end
end
model(n).rho= 0.5;
model(n).M= 5;
model(n).I= 60;
model(n).A= 10;
model(n).s= delaunayTriangulation(model(n).MD);
[model(n).K,~ ] = convexHull(model(n).s);

n= 3;
model(n).xyz= [23500,10000,- 4000];
model(n).size0= [4000,5000,4000];
t= 0;
for i= - 1:2:1
    for j= - 1:2:1
        for k= - 1:2:1
            t= t+ 1;
            model(n).MD(t,:)= model(n).xyz+ [i,j,k].* model(n).size0/2;
        end
    end
end
model(n).rho= 0.5;
model(n).M= 0;
model(n).I= 60;
model(n).A= 10;
model(n).s= delaunayTriangulation(model(n).MD);
[model(n).K,~ ] = convexHull(model(n).s);
```

```
save('model1.mat','model');

xyzm(:,4)= 0;
for k= 1:num
        for i= 1:length(xyzm(:,1))
            xyz0= xyzm(i,1:3);
            xyzm(i,4)= xyzm(i,4)+ model(k).M* mag('Vt',xyz0,model(k).xyz,model(k).size0,model(k).I,- model(k).A- 90,I0,- A0- 90);
        end
end
gm= reshape(xyzm(:,4),ny,nx);

figure(1)
alpha(0.8)
colorbar
colormap jet
hold on
shading interp
ck= [1,0,0];
for i= 1:num- 1
    l= length(model(i).K(:,1));
    for j= 1:l
        xk= [model(i).MD(model(i).K(j,1),1),model(i).MD(model(i).K(j,2),1),model(i).MD(model(i).K(j,3),1)];
        yk= [model(i).MD(model(i).K(j,1),2),model(i).MD(model(i).K(j,2),2),model(i).MD(model(i).K(j,3),2)];
        zk= [model(i).MD(model(i).K(j,1),3),model(i).MD(model(i).K(j,2),3),model(i).MD(model(i).K(j,3),3)];
        fill3(xk,yk,zk,ck)
    end
    hold on
end
axis([xmin xmax ymin ymax - 10000 max(max(zz))])
box on
grid on
save('xyzm.mat','xyzm');
```

运行程序,建立的磁异常模型如图3.7所示,包含两个异常体。

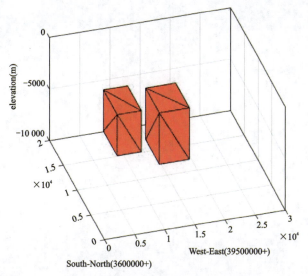

图 3.7 含两个异常体的磁异常正演模型

进一步利用 MATLAB 软件编写反演程序,代码如下:

```
%%%%%%%%%%%%%%    生成反演模型参数    %%%%%%%%%%%%%%%
clc
clear
close all
load('xyzm.mat');
outm= 'Gm.mat';
outvm= 'Vm.mat';
outWm= 'Wzm.mat';
nobs= length(xyzm(:,1));
xmin= min(xyzm(:,1));xmax= max(xyzm(:,1));
ymin= min(xyzm(:,2));ymax= max(xyzm(:,2));
zmin= - 10000;zmax= 0;
nx1= 12;ny1= 8;nz1= 1;nx2= 5;ny2= 5;nz2= 20;
nx= nx1* nx2;ny= ny1* ny2;nz= nz1* nz2;
N1= nx1* ny1* nz1;N2= nx2* ny2* nz2;
N= nx* ny* nz;
s= 3;
I0= 60;A0= 10;I1= 60;A1= 10;
x1= (xmax- xmin)/(nx);y1= (ymax- ymin)/(ny);z1= (zmax- zmin)/(nz);
size0= [x1,y1,z1];
x= (xmin+ x1/2):x1:(xmax- x1/2);y= (ymin+ y1/2):y1:(ymax- y1/2);z= (zmax- z1/2):
- z1:(zmin+ z1/2);
```

```
Gm= zeros(nobs,N);
Wz0= zeros(1,N);
tt= 1;
xyz= zeros(N,3);
for i= 1:nx
    for j= 1:ny
        for k= 1:nz
            xyz(tt,:)= [x(i),y(j),z(k)];
            tt= tt+ 1;
        end
    end
end
for t= 1:nobs
    xyz0= xyzm(t,1:3);
    for tt= 1:N
        Gm(t,tt)= mag('Vt',xyz0,xyz(tt,:),size0,I1,- A1- 90,I0,- A0- 90);% ç? ?
    end
    disp(t);
end
for tt= 1:N
    Wz0(1,tt)= (- xyz(tt,3)- zmin);
end
Wdm= sum(Gm.^2).^(0.5);
Wzm= sparse(1:N,1:N,Wdm);
save(outm,'Gm');
% %
st= 0;
for tx= 0:s
    for ty= 0:s- tx
        for tz= 0:s- tx- ty
            st= st+ 1;
        end
    end
end
P= zeros(N,N1* st);
Px= zeros(N,N1* st);
Py= zeros(N,N1* st);
Pz= zeros(N,N1* st);
% % P
tt= 0;
```

```
for i= 1:nx1
    for ii= 1:nx2
        for j= 1:ny1
            for jj= 1:ny2
                for k= 1:nz1
                    for kk= 1:nz2
                        tt= tt+ 1;
                        t= k+ (j- 1)* nz1+ (i- 1)* nz1* ny1- 1;
                        ttt= t* st+ 1;
                        for tx= 0:s
                            for ty= 0:s- tx
                                for tz= 0:s- tx- ty
                                    P(tt,ttt)= (((ii- nx2/2- 0.5))^tx)* (((jj- ny2/2- 0.5))^ty)* (((kk- nz2))^tz);
                                    ttt= ttt+ 1;
                                end
                            end
                        end
                    end
                end
            end
        end
    end
end
P= sparse(P);
%% Px
tt= 0;
for i= 1:nx1
    for ii= 1:nx2
        for j= 1:ny1
            for jj= 1:ny2
                for k= 1:nz1
                    for kk= 1:nz2
                        tt= tt+ 1;
                        t= k+ (j- 1)* nz1+ (i- 1)* nz1* ny1- 1;
                        ttt= t* st+ 1;
                        for tx= 0:s
                            for ty= 0:s- tx
                                for tz= 0:s- tx- ty
                                    if(tx= = 0)
```

```
                                    Px(tt,ttt)= 0;
                                else
                                    Px(tt,ttt)= tx* (((ii- nx2/2- 0.5))^(tx- 1))
* (((jj- ny2/2- 0.5))^ty)* (((kk- nz2))^tz);
                                end
                                ttt= ttt+ 1;
                            end
                        end
                    end
                end
            end
        end
    end
end
Px= sparse(Px);
%% Py
tt= 0;
for i= 1:nx1
    for ii= 1:nx2
        for j= 1:ny1
            for jj= 1:ny2
                for k= 1:nz1
                    for kk= 1:nz2
                        tt= tt+ 1;
                        t= k+ (j- 1)* nz1+ (i- 1)* nz1* ny1- 1;
                        ttt= t* st+ 1;
                        for tx= 0:s
                            for ty= 0:s- tx
                                for tz= 0:s- tx- ty
                                    if(ty= = 0)
                                        Py(tt,ttt)= 0;
                                    else
                                        Py(tt,ttt)= ty* (((ii- nx2/2- 0.5))^tx)*
(((jj- ny2/2- 0.5))^(ty- 1))* (((kk- nz2))^tz);
                                    end
                                    ttt= ttt+ 1;
                                end
                            end
                        end
```

```
                end
              end
            end
          end
        end
      end
end
Py= sparse(Py);
%% Pz
tt= 0;
for i= 1:nx1
    for ii= 1:nx2
        for j= 1:ny1
            for jj= 1:ny2
                for k= 1:nz1
                    for kk= 1:nz2
                        tt= tt+ 1;
                        t= k+ (j- 1)* nz1+ (i- 1)* nz1* ny1- 1;
                        ttt= t* st+ 1;
                        for tx= 0:s
                            for ty= 0:s- tx
                                for tz= 0:s- tx- ty
                                    if(tz== 0)
                                        Pz(tt,ttt)= 0;
                                    else
                                        Pz(tt,ttt)= tz* (((ii- nx2/2- 0.5))^tx)*
(((jj- ny2/2- 0.5))^ty)* (((kk- nz2))^(tz- 1));
                                    end
                                    ttt= ttt+ 1;
                                end
                            end
                        end
                    end
                end
            end
        end
    end
end
Pz= sparse(Pz);
save('P.mat','P');
save('Px.mat','Px');
```

```
save('Py.mat','Py');
save('Pz.mat','Pz');
Vm= Gm* P;
save(outvm,'Vm');
save(outWm,'Wzm');
```

编写反演主程序的脚本文件,代码如下:

```
%%%%%%%%%%   反演主程序   %%%%%%%%%%%%%%
clc
clear all
%%%%   加载反演参数
load('P.mat');
load('Px.mat');
load('Py.mat');
load('Pz.mat');
load('Vm.mat');
load('Wzm.mat');
load('xyzm.mat');
%%
T= xyzm(:,4);
xmin= min(xyzm(:,1));xmax= max(xyzm(:,1));
ymin= min(xyzm(:,2));ymax= max(xyzm(:,2));
zmin= - 10000;zmax= 0;
nx= 60;ny= 40;nz= 20;
N= nx* ny* nz;
Itermax= 1500;
lx= (xmax- xmin)/(nx);
ly= (ymax- ymin)/(ny);
lz= (zmax- zmin)/(nz);
x= (xmin+ lx/2):lx:(xmax- lx/2);
y= (ymin+ ly/2):ly:(ymax- ly/2);
z= (zmax- lz/2):- lz:(zmin+ lz/2);

tic
m= fanyan(Vm,T,Itermax,Wzm,P,Px,Py,Pz); % 正演
toc
m= 0.06.* P* m;
r0= Vm* m- T;
display(sqrt(r0'* r0/length(T)));
m1= reshape(m,nz,ny,nx);
[xxx,yyy,zzz]= meshgrid(x,y,z);
```

```
m2= permute(m1,[2 3 1]);
%%%%%%%%%%%%%%%  display  %%%%%%%%%%%%%%%%
figure(2)
z1= [z(5),z(10),z(15)];
a= slice(xxx,yyy,zzz,m2,x(round(nx/2)),y(round(ny/2)),z1);
set(a,'EdgeColor','none')
colorbar
colormap jet
axis([min(x),max(x),min(y),max(y),min(z),max(z)])
shading interp
hold on
grid off
load('mod1.mat');
ck= [0,1,1];
for i= 1:length(mod)- 1
    l= length(mod(i).K(:,1));
    for j= 1:l
        xk= [mod(i).MD(mod(i).K(j,1),1),mod(i).MD(mod(i).K(j,2),1),mod(i).MD(mod(i).K(j,3),1)];
        yk= [mod(i).MD(mod(i).K(j,1),2),mod(i).MD(mod(i).K(j,2),2),mod(i).MD(mod(i).K(j,3),2)];
        zk= [mod(i).MD(mod(i).K(j,1),3),mod(i).MD(mod(i).K(j,2),3),mod(i).MD(mod(i).K(j,3),3)];
        fill3(xk,yk,zk,ck,'FaceAlpha',0,'LineWidth',1,'EdgeColor',[0 0 0])
    end
    hold on
end
colormap('jet');
colorbar;
my_handle= colorbar;
my_handle.Title.String= 'nT';
my_handle.FontSize= 12;
xlabel('West- East(39500000+ )')
ylabel('South- North(3600000+ )')
zlabel('elevation(m)')
```

反演主程序中调用的 function 函数代码如下：

① 反演函数

```
function [m1]= fanyan(Vt,T,Imax,Wdt,P,Px,Py,Pz)
num= 0;
k= 0;
```

```
[~ ,bb]= size(Vt);
PPt= Wdt* P;
PPxt= Wdt* Px;
PPyt= Wdt* Py;
PPzt= Wdt* Pz;
m0= zeros(bb,1);
r0t= Vt'* T;
a= 0.0001;
while num< = Imax
    k= k+ 1;
    if k= = 1
        p1= r0t;
        q1= Vt* p1;
        q11= PPt* p1;
        lambda1= (r0t'* r0t)/(q1'* q1+ q11'* q11);
        q11= PPt'* q11;
        r1= r0t- lambda1* Vt'* q1- lambda1* q11;
        m1= m0+ lambda1* p1;
    else
        u2t= (r1'* r1)/(r0t'* r0t);
        p2= r1+ u2t* p1;
        q1= Vt* p2;
        q11= PPt* p2;
        v2= (r1'* r1)/(q1'* q1+ q11'* q11);
        m2= m1+ v2* p2;
        q11= PPt'* q11;
        r2= r1- v2* Vt'* q1- v2* q11;
        r0t= r1;
        r1= r2;
        p1= p2;
        m1= m2;
    end
    num= num+ 1;
end
end
```

②磁法正演子函数1

```
function Vij = grav(Vcc, xyz0,xyz,size0)
G= 6.67* 10^- 6;
o= 1e- 3;
obs_model= [xyz0- xyz+ size0./2;xyz0- xyz- size0./2]';
```

```
Vij = 0;
for i = 1:2
    x = obs_model(1,i);
    x2 = x*x;
    for j = 1:2
        y = obs_model(2,j);
        y2 = y*y;
        for k = 1:2
            z = - (obs_model(3,k));
            z2 = z*z;
            r = sqrt(x2 + y2 + z2);
            uijk = (-1)^(i + j + k);
            switch Vcc
            case 'Vx'
                if(x= = 0 && y= = 0 && z= = 0)
                    x=o;y=o;z=o;r=sqrt(x*x+y*y+z*z);
                elseif(x= = 0)
                    x=o;r=sqrt(x*x+y*y+z*z);
                end
                if(y+ r< = 0)
                    z=o;r=sqrt(x*x+y*y+z*z);
                elseif(z+ r< = 0)
                    y=o;r=sqrt(x*x+y*y+z*z);
                end
                Vtemp= z* log(y+ r)+ y* log(z+ r)- x* atan(z* y/(x* r));
            case 'Vy'
                if(x= = 0 && y= = 0 && z= = 0)
                    x=o;y=o;z=o;r=sqrt(x*x+y*y+z*z);
                elseif(y= = 0)
                    y=o;r=sqrt(x*x+y*y+z*z);
                end
                if(x+ r< = 0)
                    z=o;r=sqrt(x*x+y*y+z*z);
                elseif(z+ r< = 0)
                    x=o;r=sqrt(x*x+y*y+z*z);
                end
                Vtemp= z* log(x+ r)+ x* log(z+ r)- y* atan(z* x/(y* r));
            case 'Vz'
                if(x= = 0 && y= = 0 && z= = 0)
                    x=o;y=o;z=o;r=sqrt(x*x+y*y+z*z);
                elseif(z= = 0)
                    z=o;r=sqrt(x*x+y*y+z*z);
```

```
        end
        if(x+ r< = 0)
            y= o;r= sqrt(x* x+ y* y+ z* z);
        elseif(y+ r< = 0)
            x= o;r= sqrt(x* x+ y* y+ z* z);
        end
        Vtemp= y* log(x+ r)+ x* log(y+ r)- z* atan(x* y/(z* r));
case 'Vxx'
        if(x= = 0)
            Vtemp= - 1e4* pi/2;
        else
            Vtemp= - 1e4* atan(y* z/(x* r));
        end
case 'Vyy'
        if(y= = 0)
            Vtemp= - 1e4* pi/2;
        else
            Vtemp= - 1e4* atan(x* z/(y* r));
        end
case 'Vzz'
        if (z= = 0)
            Vtemp= - 1e4* pi/2;
        else
            Vtemp= - 1e4* atan(x* y/(z* r));
        end
case 'Vxz'
        if (y+ r= = 0)
            x= o;r= sqrt(x* x+ y* y+ z* z);
        end
        Vtemp= 1e4* log(y+ r);
case 'Vyz'
        if (x+ r= = 0)
            y= o;r= sqrt(x* x+ y* y+ z* z);
        end
        Vtemp= 1e4* log(x+ r);
case 'Vxy'
        if (z+ r= = 0)
            x= o;r= sqrt(x* x+ y* y+ z* z);
        end
        Vtemp= 1e4* log(z+ r);
case 'Vxxx'
        if(x= = 0 && y= = 0)
```

```
            x=o;y=o;
        end
        if(z==0 && x==0)
            z=o;
        end
        r=sqrt(x*x+y*y+z*z);
        Vtemp=z*y*(r*r+x*x)/((z*z+x*x)*(y*y+x*x)*r);
    case 'Vxyx'
        if(y==0 && x==0)
            y=o;
        end
        r=sqrt(x*x+y*y+z*z);
        Vtemp=-z*x/((x*x+y*y)*r);
    case 'Vxzx'
        if(x==0 && z==0)
            z=o;
        end
        r=sqrt(x*x+y*y+z*z);
        Vtemp=-x*y/((x*x+z*z)*r);
    case 'Vxyy'
        if(y==0 && x==0)
            x=o;
        end
        r=sqrt(x*x+y*y+z*z);
        Vtemp=-z*y/((y*y+x*x)*r);
    case 'Vyyy'
        if(x==0 && y==0)
            x=o;y=o;
        end
        if(z==0 && y==0)
            z=o;
        end
        r=sqrt(x*x+y*y+z*z);
        Vtemp=x*z*(r*r+y*y)/((x*x+y*y)*(y*y+z*z)*r);
    case 'Vyzy'
        if(y==0 && z==0)
            z=o;
        end
        r=sqrt(x*x+y*y+z*z);
        Vtemp=-x*y/((y*y+z*z)*r);
    case 'Vxzz'
        if(x==0 && z==0)
```

```
                    z = o;
                end
                r = sqrt(x*x + y*y + z*z);
                Vtemp = y*z/((z*z + x*x)*r);
            case 'Vyzz'
                if(y == 0 && z == 0)
                    z = o;
                end
                r = sqrt(x*x + y*y + z*z);
                Vtemp = x*z/((z*z + y*y)*r);
            case 'Vzzz'
                if((x == 0 || y == 0) && z == 0)
                    z = o; r = sqrt(x*x + y*y + z*z);
                end
                Vtemp = x*y*(r*r + z*z)/((x*x + z*z)*(y*y + z*z)*r);
            case 'Vxyz'
                if(x == 0 && y == 0 && z == 0)
                    r = o;
                end
                Vtemp = 1/r;
            end
            Vij = Vij + uijk*Vtemp;
        end
    end
end
Vij = G*Vij;
end
```

③磁法正演子函数2

```
function T = mag(Vcc,xyz0,xyz,size0,Id,Ad,I0d,A0d)
G = 6.67*10^-2;
I = pi * Id / 180.;
A = pi * Ad / 180.;
I0 = pi * I0d / 180.;
A0 = pi * A0d / 180.;
alphaM = cos(I) * cos(A);
betaM = cos(I) * sin(A);
gammaM = sin(I);
alphaT = cos(I0) * cos(A0);
betaT = cos(I0) * sin(A0);
gammaT = sin(I0);
%%
```

```
switch Vcc
    case 'Vt'
        vxx = grav('Vxx',xyz0,xyz,size0); vxy = grav('Vxy',xyz0,xyz,size0);
        vxz = grav('Vxz',xyz0,xyz,size0); vyy = grav('Vyy',xyz0,xyz,size0);
        vyz = grav('Vyz',xyz0,xyz,size0); vzz = grav('Vzz',xyz0,xyz,size0);
    case 'Vtx'
        vxx = grav('Vxxx',xyz0,xyz,size0); vxy = grav('Vxyx',xyz0,xyz,size0);
        vxz = grav('Vxzx',xyz0,xyz,size0); vyy = grav('Vxyy',xyz0,xyz,size0);
        vyz = grav('Vxyz',xyz0,xyz,size0); vzz = grav('Vxzz',xyz0,xyz,size0);
    case 'Vty'
        vxx = grav('Vxyx',xyz0,xyz,size0); vxy = grav('Vxyy',xyz0,xyz,size0);
        vxz = grav('Vxyz',xyz0,xyz,size0); vyy = grav('Vyyy',xyz0,xyz,size0);
        vyz = grav('Vyzy',xyz0,xyz,size0); vzz = grav('Vyzz',xyz0,xyz,size0);
    case 'Vtz'
        vxx = - grav('Vxzx',xyz0,xyz,size0); vxy = - grav('Vxyz',xyz0,xyz,size0);
        vxz = - grav('Vxzz',xyz0,xyz,size0); vyy = - grav('Vyzy',xyz0,xyz,size0);
        vyz = - grav('Vyzz',xyz0,xyz,size0); vzz = - grav('Vzzz',xyz0,xyz,size0);
end
bx = (alphaM* vxx + betaM* vxy + gammaM* vxz);
by = (alphaM* vxy + betaM* vyy + gammaM* vyz);
bz = (alphaM* vxz + betaM* vyz + gammaM* vzz);
dt = bx * alphaT + by * betaT + bz * gammaT;
T= dt * 100 / G;
end
```

运行反演的脚本文件,得到正演模型的三维反演结果切片,如图 3.8 所示。

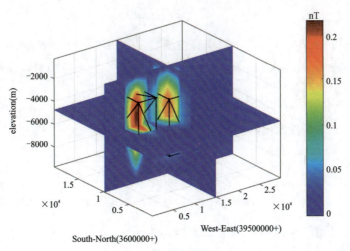

图 3.8 磁法三维反演结果

第4章 电(磁)法勘探程序设计与应用案例

电(磁)法勘探是以岩(矿)石的电性差异为基础,通过观测和分析与电性差异相关的电场或电磁场分布规律与特点,以探测矿产资源、地下水资源、查明地质构造等为目的,解决能源、工程和环境等相关地质问题的一类重要的地球物理勘探方法。本章选取多个典型案例,重点介绍直流电测深、大地电磁测深的正演计算,以及视电阻率剖面和大地电磁测深反演的相关程序设计案例。

4.1 直流电测深正演计算

电测深法属于直流电法的一种类型,图4.1所示为常见的四极电测深装置。

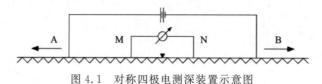

图4.1 对称四极电测深装置示意图

对于水平层状地层,其视电阻率积分公式表示为

$$\rho_s = r^2 \int_0^\infty T_1(m) J_1(mr) m \, dm \tag{4.1}$$

式中:$T_1(m) = \rho_1[1+2B(m)]$,为电阻率转换函数,其中$B(m)$为核函数;$J_1(mr)$为一阶贝塞尔函数。令$K(m) = T_1(m) \cdot m$,代入式(4.1),采用汉克尔积分的形式表示为

$$\rho_s = r^2 \int_0^\infty K(m) J_1(mr) \, dm \tag{4.2}$$

进一步采用汉克尔线性数值滤波公式表示为

$$\rho_s = r \sum_{j=1}^n K(m_j) W_j \tag{4.3}$$

式中,$m_j = \dfrac{1}{r} \times 10^{[a+(j-1)s]}$,$j$为汉克尔积分的计算点数,$a$和$s$为相应的计算系数。

对于水平的n层地层,电阻率的递推公式表示为

$$T_i(m) = \rho_i \frac{\rho_i(1-e^{-2mh_i}) + T_{i+1}(m)(1+e^{-2mh_i})}{\rho_i(1+e^{-2mh_i}) + T_{i+1}(m)(1-e^{-2mh_i})} \tag{4.4}$$

式中,ρ_i和h_i分别为各层的电阻率($\Omega \cdot m$)和厚度(m),且满足

$$T_n(m) = \rho_n \tag{4.5}$$

例 4.1 利用 C 语言和 MATLAB 软件分别编程计算并绘制二层和三层水平层状介质的电测深视电阻率曲线。

(1)采用 C 语言编程计算二层和三层水平层状介质的电测深结果,代码如下:

```
# include < iostream>
# include < math.h>
# include < stdio.h>
//================================================
//函 数 名:Transfer_Fun
//功能描述:电阻率转换函数
//输入参数:rho 电阻率模型指针
//         N   电阻率层数
//         h   层厚指针,数量比电阻率模型减 1
//         m   极距
//         T   计算结果


//返 回 值:转换结果
//================================================
double Transfer_Fun(double* rho,int N,double* h, double m)
{
    //默认最后一层电阻率值
    double T= rho[N- 1];

    double A,B;

    for (int i= N- 2;i> = 0;i- - )
    {
        A= 1- exp(- 2* m* h[i]);
        B= 1+ exp(- 2* m* h[i]);
        T= rho[i]* (rho[i]* A+ T* B)/(rho[i]* B+ T* A);
    }

    return T;
}

//================================================
//函 数 名:Hankell
//功能描述:汉克尔线性滤波函数
//输入参数:rho 层状电阻率模型
```

```
//          N       层数
//          h       层厚模型(比层数少一个)
//          r       极距
//返 回 值：视电阻率
//= = = = = = = = = = = = = = = = = = = = = = = = = = = = = = = = = = = = = =
double Hankell(double* rho,int N,double* h,double r)
{
    //计算系数
    double a= - 3.05078;
    double s= 1.106e- 1;

    //用 47 点汉克尔滤波系数
    double wt1[47]=
    {3.17926e- 6,
    - 9.73812e- 6,
    1.648662e- 5,
    - 1.81501e- 5,
    1.875566e- 5,
    - 1.46550e- 5,
    1.537997e- 5,
    - 6.95628e- 6,
    1.418816e- 5,
    3.414457e- 6,
    2.139417e- 5,
    2.349624e- 5,
    4.843403e- 5,
    7.337330e- 5,
    1.277038e- 4,
    2.081200e- 4,
    3.498039e- 4,
    5.791078e- 4,
    9.658879e- 4,
    1.604013e- 3,
    2.669038e- 3,
    4.431116e- 3,
    7.356317e- 3,
    1.217828e- 2,
    2.010978e- 2,
    3.300970e- 2,
    5.371436e- 2,
```

```
        8.605166e-2,
        1.342676e-1,
        2.001250e-1,
        2.740275e-1,
        3.181687e-1,
        2.416557e-1,
        -5.40549e-2,
        -4.46913e-1,
        -1.92232e-1,
        5.523768e-1,
        -3.57429e-1,
        1.415105e-1,
        -4.61422e-2,
        1.482738e-2,
        -5.07479e-3,
        1.838297e-3,
        -6.67743e-4,
        2.212775e-4,
        -5.66249e-5,
        7.882292e-6 };
    double rho0=0;
    double m,Tm,Km;
    m=Tm=Km=0;

    for(int j=0;j<47;j++)
    {
        m=(1/r)*pow(10,(a+j*s));   //计算 mj
        Tm=Transfer_Fun(rho,N,h,m);//调用电阻率转换函数计算 Tm
        Km=Tm*m;
        rho0=rho0+Km*wt1[j];
    }
    double rho_s=rho0*r;
    return rho_s;
}
//生成对数间隔
void logspace(double d1,double d2,int n,double *y)
{
    if(n<=1)
    {
        y[0]=d2;
```

```c
        return;
    }
    double fDel = (d2-d1)/(n-1);
    y[0] = pow(10,d1);

    for (int i=1;i<n;i++)
    {
        y[i] = pow(10,d1+i*fDel);
    }
}
int main() {
    //二层水平介质
    double rho1[2]={100,1000};//二层G型电阻率模型
    double rho2[2]={1000,100};//二层D型电阻率模型
    double h1[1]={20};              //层厚
    double r1[40];                  //对数极距
    logspace(0,4,40,r1);            //对数极距
    double rhos1[40];               //二层G型视电阻率
    double rhos2[40];               //二层D型视电阻率
    printf("* * * * * * * * * * 二层层状模型* * * * * * * * * * \n");
    //计算视电阻率
    for (int i=0;i<40;i++)
    {
        rhos1[i]=Hankell(rho1,2,h1,r1[i]);
        rhos2[i]=Hankell(rho2,2,h1,r1[i]);
        printf("%f,%f,%f\n",r1[i],rhos1[i],rhos2[i]);
    }

    //写文件
    FILE *fp1,*fp2;
    fp1= fopen("d:\\temp\\二层G型.txt","w");
    fp2= fopen("d:\\temp\\二层D型.txt","w");
    for (int i=0;i<40;i++)
    {
        fprintf(fp1,"%f,%f\n",r1[i],rhos1[i]);
        fprintf(fp2,"%f,%f\n",r1[i],rhos2[i]);
    }
    fclose(fp1);
    fclose(fp2);
    printf("* * * * * * * * * * 三层层状模型* * * * * * * * * * \n");
```

```c
//三层水平介质
double rho3[3]= {10,100,1000};      //三层 A 型电阻率模型
double rho4[3]= {1000,100,10};      //三层 Q 型电阻率模型
double rho5[3]= {100,1000,100};     //三层 K 型电阻率模型
double rho6[3]= {1000,10,1000};     //三层 H 型电阻率模型
double h3[2]= {20,20};              //三层厚
double r2[40];                      //极距参数
logspace(0,5,40,r2);                //对数极距
double rhos3[40];                   //三层 A 型视电阻率
double rhos4[40];                   //三层 Q 型视电阻率
double rhos5[40];                   //三层 K 型视电阻率
double rhos6[40];                   //三层 H 型视电阻率

for (int i= 0;i< 40;i+ + )
{
    rhos3[i]= Hankell(rho3,3,h3,r2[i]);
    rhos4[i]= Hankell(rho4,3,h3,r2[i]);
    rhos5[i]= Hankell(rho5,3,h3,r2[i]);
    rhos6[i]= Hankell(rho6,3,h3,r2[i]);
    printf("% f,% f,% f,% f,% f\n",r2[i],rhos3[i],rhos4[i],rhos5[i],rhos6[i]);
}
//写文件
FILE * fp3,* fp4,* fp5,* fp6;
fp3 = fopen("d:\\temp\\三层 A 型.txt", "w");
fp4 = fopen("d:\\temp\\三层 Q 型.txt", "w");
fp5 = fopen("d:\\temp\\三层 K 型.txt", "w");
fp6 = fopen("d:\\temp\\三层 H 型.txt", "w");

for (int i= 0;i< 40;i+ + )
{
    fprintf(fp3,"% f,% f\n",r2[i],rhos3[i]);
    fprintf(fp4,"% f,% f\n",r2[i],rhos4[i]);
    fprintf(fp5,"% f,% f\n",r2[i],rhos5[i]);
    fprintf(fp6,"% f,% f\n",r2[i],rhos6[i]);
}
fclose(fp3);
fclose(fp4);
fclose(fp5);
fclose(fp6);
```

```
    system("pause");
    return 0;
}
```

（2）采用 MATLAB 软件编程计算并绘制二层和三层水平层状介质的电测深视电阻率曲线。

首先，编写电阻率转换函数和汉克尔线性滤波函数。

① 编写的电阻率转换函数代码如下：

```
function T= Transfer_Fun(rho,h,m)
% 电阻率转换函数
N= size(rho,2);
T= rho(N);
for i= N- 1:- 1:1
    A= 1- exp(- 2* m* h(i));
    B= 1+ exp(- 2* m* h(i));
    T= rho(i)* (rho(i)* A+ T* B)/(rho(i)* B+ T* A);
end
```

② 编写的汉克尔线性滤波函数代码如下：

```
function rho_s= Hankell(rho,h,r)
a= - 3.05078;s= 1.106e- 1;% 计算系数
wt1= [3.17926e- 6
    - 9.73812e- 6
    1.648662e- 5
    - 1.81501e- 5
    1.875566e- 5
    - 1.46550e- 5
    1.537997e- 5
    - 6.95628e- 6
    1.418816e- 5
    3.414457e- 6
    2.139417e- 5
    2.349624e- 5
    4.843403e- 5
    7.337330e- 5
    1.277038e- 4
    2.081200e- 4
    3.498039e- 4
    5.791078e- 4
    9.658879e- 4
    1.604013e- 3
```

```
        2.669038e-3
        4.431116e-3
        7.356317e-3
        1.217828e-2
        2.010978e-2
        3.300970e-2
        5.371436e-2
        8.605166e-2
        1.342676e-1
        2.001250e-1
        2.740275e-1
        3.181687e-1
        2.416557e-1
        -5.40549e-2
        -4.46913e-1
        -1.92232e-1
        5.523768e-1
        -3.57429e-1
        1.415105e-1
        -4.61422e-2
        1.482738e-2
        -5.07479e-3
        1.838297e-3
        -6.67743e-4
        2.212775e-4
        -5.66249e-5
        7.882292e-6];% 用47点汉克尔滤波系数
rho0=0;
for j=1:size(wt1);
    m=(1/r)*10^(a+(j-1)*s);% 计算 mj
    Tm=Transfer_Fun(rho,h,m);% 调用电阻率转换函数计算 Tm
    Km=Tm*m;
    rho0=rho0+Km*wt1(j);
end
rho_s=rho0*r;
```

然后,编写脚本文件调用计算二层和三层水平层状介质的电测深视电阻率曲线,代码如下:

```
clc
clear
%% 二层水平介质
```

```matlab
rho1= [100,1000];
h1= 20;
r1= logspace(0,4,40);% 极距参数
for i= 1:size(r1,2)
    rhos1(i)= Hankell(rho1,h1,r1(i));
end
rho2= [1000,100];
for i= 1:size(r1,2)
    rhos2(i)= Hankell(rho2,h1,r1(i));
end
figure(1)
subplot(1,2,1)
semilogx(r1,rhos1,'ro- ');% y轴对数坐标
grid on
xlabel('{\itr}(m)');
ylabel('{\it\rho_s}(\Omega\cdotm)');
title('G型');
subplot(1,2,2)
semilogx(r1,rhos2,'ro- ');% y轴对数坐标
grid on
xlabel('{\itr}(m)');
ylabel('{\it\rho_s}(\Omega\cdotm)');
title('D型');
%% 三层水平介质
r2= logspace(0,5,40);% 极距参数
rho3= [10,100,1000];
h3= [20,20];
r= logspace(0,4,40);% 极距参数
for i= 1:size(r2,2)
    rhos1(i)= Hankell(rho3,h3,r2(i));
end
rho4= [1000,100,10];
for i= 1:size(r2,2)
    rhos2(i)= Hankell(rho4,h3,r2(i));
end
rho5= [100,1000,100];
for i= 1:size(r2,2)
    rhos3(i)= Hankell(rho5,h3,r2(i));
end
rho6= [1000,10,1000];
```

```
for i= 1:size(r2,2)
    rhos4(i)= Hankell(rho6,h3,r2(i));
end
figure(2)
subplot(2,2,1)
semilogx(r2,rhos1,'ro- ');% y轴对数坐标
grid on
xlabel('{\itr}(m)');
ylabel('{\it\rho_s}(\Omega\cdotm)');
title('A型');
subplot(2,2,2)
semilogx(r2,rhos2,'ro- ');% y轴对数坐标
grid on
xlabel('{\itr}(m)');
ylabel('{\it\rho_s}(\Omega\cdotm)');
title('Q型');
subplot(2,2,3)
semilogx(r2,rhos3,'ro- ');% y轴对数坐标
grid on
xlabel('{\itr}(m)');
ylabel('{\it\rho_s}(\Omega\cdotm)');
title('K型');
subplot(2,2,4)
semilogx(r2,rhos4,'ro- ');% y轴对数坐标
grid on
xlabel('{\itr}(m)');
ylabel('{\it\rho_s}(\Omega\cdotm)');
title('H型');
```

最后,运行程序,调用汉克尔线性滤波函数,计算得到的二层和三层水平层状介质的直流电测深视电阻率曲线分别如图 4.2 和图 4.3 所示。

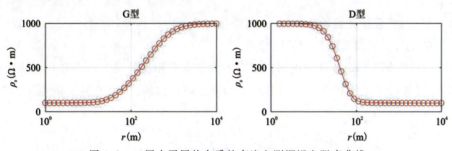

图 4.2　二层水平层状介质的直流电测深视电阻率曲线

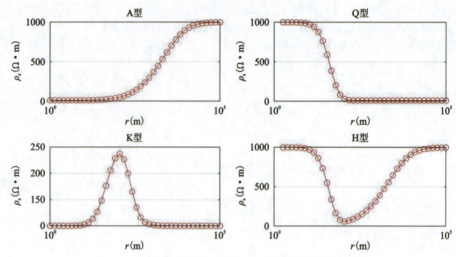

图 4.3 三层水平层状介质的直流电测深视电阻率曲线

4.2 大地电磁测深正演计算

大地电磁测深属于频域电磁测深法的一种。本节以一维水平层状介质模型和二维多个异常体模型为例,计算一维和二维模型的大地电磁测深响应。

4.2.1 一维大地电磁测深曲线

在大地电磁测深过程中,水平层状介质的视电阻率和相位公式可表示为

$$\rho_s = \frac{1}{\omega\mu}|Z_s|^2, \varphi = \arctan\frac{\text{imag}[Z_s]}{\text{real}[Z_s]} \tag{4.6}$$

其中,Z_s 为地面的波阻抗。对于水平的 n 层地层,Z_s 采用递推公式计算,第 j 层的阻抗递推公式可表示为

$$Z_j = Z_{0j}\frac{Z_{0j}(1-e^{-2k_jh_j})+Z_{j+1}(1+e^{-2k_jh_j})}{Z_{0j}(1+e^{-2k_jh_j})+Z_{j+1}(1-e^{-2k_jh_j})} \tag{4.7}$$

式中:h_j 为层厚度;$Z_{0j}=-i\omega\mu/k_j$;$k_j=\sqrt{-i\omega\mu\sigma_j}=(1-i)\sqrt{\frac{\omega\mu\sigma_j}{2}}$,为传播系数。且在最下层的第 n 层时,可看作是均匀半空间,其波阻抗与特征阻抗相等,即 $Z_n = Z_{0n}$,所以,可以由第 n 层逐层向上计算递推得到地面波阻抗 Z_s。

例 4.2 利用 MATLAB 软件编写层状介质大地电磁测深的视电阻率和相位特征曲线计算函数,并计算 4 层水平层状介质的视电阻率和相位特征曲线。其中,各层的电阻率为 $\rho_1 = 100\Omega\cdot m$,$\rho_2 = 500\Omega\cdot m$,$\rho_3 = 50\Omega\cdot m$,$\rho_4 = 300\Omega\cdot m$;各层的深度为 $h_1 = 50\text{ m}$,$h_2 = 100\text{m}$,$h_3 = 50\text{m}$。

首先,编写波阻抗递推函数,代码如下:

```
function Z= Recursive_Fun(rho,h,f)
% rho 为各层电阻率,h 为各层厚度
global mu
mu= (4e- 7)* pi;
a= size(rho,2);b= size(f,2);
k= zeros(a,b);
for N= 1:a
    k(N,:)= sqrt(- i* 2* pi.* f* mu./rho(N));% ki
end
Z= - (i* mu* 2* pi.* f)./k(a,:);% Zn
for n= a- 1:- 1:1
    A= - (i* 2* pi.* f* mu)./k(n,:);
    B= exp(- 2* k(n,:)* h(n));
    Z= A.* (A.* (1- B)+ Z.* (1+ B))./(A.* (1+ B)+ Z.* (1- B));
end
```

然后,调用阻抗递推函数计算 4 层水平层状介质的视电阻率和相位特征曲线,代码如下:

```
clc
clear
global mu
mu= (4e- 7)* pi;
f= 1./logspace(- 5,2,50);
rho= [100,500,50,300];
h= [50,100,50];
Zs= Recursive_Fun(rho,h,f);
rho_s= 1./(2* pi.* f* mu).* (abs(Zs).^2);% 计算视电阻率
phase= - atan(imag(Zs)./real(Zs)).* 180/pi;% 计算相位
figure(1)
subplot(1,2,1)
semilogy(rho_s,f,'r+ - ');% y 轴为对数坐标
xlabel('{\it\rho_s} (\Omega\cdotm)');
ylabel('{\itf} (Hz)');
grid on
subplot(1,2,2)
semilogy(phase,f,'r* - ');% y 轴为对数坐标
xlabel('{\it\phi} (\circ)');
ylabel('{\itf} (Hz)');
grid on
```

最后,运行程序,得到水平层状介质的大地电磁测深视电阻率和相位响应如图 4.4 所示。

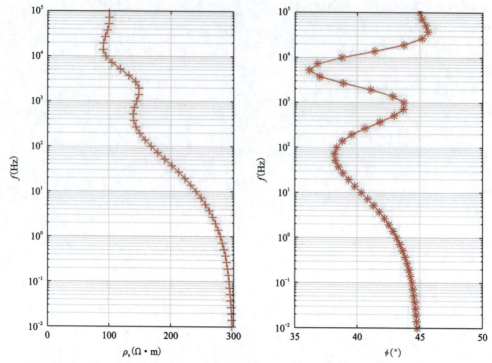

图 4.4 水平层状介质的大地电磁测深视电阻率和相位响应特征曲线

4.2.2 二维大地电磁测深正演模拟

二维模型是指介质的电学性质除深度外还沿一个水平坐标轴方向有变化,而沿另一个水平坐标轴方向保持不变(走向)。这里取 X 轴为二维介质的走向方向,Z 轴为深度方向,Y 轴为电学性质变化的方向(倾向)。

在大地电磁测深中,由于观测频率范围一般为 $10^{-4} \sim 10^3$ Hz,构成地壳浅部的介质的电阻率一般取 $1 \sim 1000$ Ω·m,所以可以忽略位移电流的影响,其麦克斯韦方程组(取时域中的谐变因子 $e^{-i\omega t}$)为

$$\begin{cases} \nabla \times E = i\omega\mu H \\ \nabla \times H = \sigma E \\ \nabla \cdot H = 0 \\ \nabla \cdot D = 0 \end{cases} \tag{4.8}$$

式中:E 为电场强度;H 为磁场强度;∇ 为哈密尔顿算子;D 为全电流密度;σ 为电导率;μ 为磁导率;ω 为角频率。

二维电磁场偏导公式为

$$\begin{cases} \dfrac{\partial E_z}{\partial y} - \dfrac{\partial E_y}{\partial z} = i\omega\mu H_x, & \dfrac{\partial H_z}{\partial y} - \dfrac{\partial H_y}{\partial z} = \sigma E_x \\ \dfrac{\partial H_x}{\partial z} = \sigma E_y, & \dfrac{\partial H_x}{\partial z} = i\omega\mu H_y \\ \dfrac{\partial H_x}{\partial y} = -\sigma E_z, & \dfrac{\partial E_x}{\partial y} = i\omega\mu H_z \end{cases} \qquad (4.9)$$

将式(4.9)展开得到二维地电模型的偏微分方程 TM 模式为

$$\frac{\partial}{\partial y}\left(\frac{1}{\sigma}\frac{\partial H_x}{\partial y}\right) + \frac{\partial}{\partial z}\left(\frac{1}{\sigma}\frac{\partial H_x}{\partial z}\right) + i\omega\mu H_x = 0 \qquad (4.10)$$

例 4.3 利用 MATLAB 软件编程调用二维大地电磁测深计算函数,计算地电模型的二维视电阻率。计算模型如图 4.5 所示。

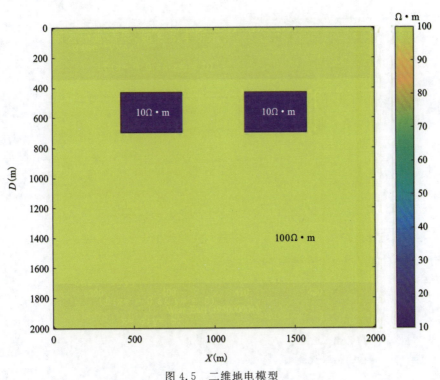

图 4.5 二维地电模型

编写的二维大地电磁测深正演计算函数代码如下:

```
function[ph,qh]= TM2D_forward(f,node,survey,t)
%%%%%%%%%%%%%%%%%%%%%%%%%%%%%%%%%%%%%%%%%%%%%%%
u= 4* pi* 10^(- 7);
sp= survey;
[Np,cc]= size(sp);
X= node(2:node(1,1)+ 1,1)';
Z= node(2:node(1,2)+ 1,2)';
[cc,Nx]= size(X);      [cc,Nz]= size(Z);      [Nf,cc]= size(f);
NP= (Nx+ 1)* (Nz+ 1);
```

```
Kz1= sparse(NP,NP);      Kz2= sparse(NP,NP);        Kz3= sparse(NP,NP);
w0= 2* pi* 1;
pp= 100;
tic
k= i* w0* u;
for h= 1:Nx
    for j= 1:Nz
        a= (h- 1)* (Nz+ 1)+ j;           b= (h- 1)* (Nz+ 1)+ j+ 1;
        c= (h- 1)* (Nz+ 1)+ j+ (Nz+ 1)+ 1; e= c- 1;
        K1= Ke1(X(h),Z(j),t(j,h));   K2= Ke2(X(h),Z(j),k);
        Kz1= Kz1+ KK1(a,b,c,e,K1,NP);
        Kz2= Kz2+ KK1(a,b,c,e,K2,NP);
        if(j= = Nz)
            kk= sqrt((- i* w0* u)/pp);
            K3= Ke3(Z(j),kk,t(j,h));
            Kz3= Kz3+ KK1(a,b,c,e,K3,NP);
        end
    end
end
toc
Uh= zeros(NP,1);
for r= 1:Nf
    B= zeros(1,NP);
    w= 2* pi* f(r);% angular frequency
    K= Kz1- f(r)* Kz2+ sqrt(f(r))* Kz3;
    for x= 1:(Nx+ 1)
        y= (x- 1)* (Nz+ 1)+ 1;
        K(y,y)= K(y,y)* 10^10;
        B(1,y)= K(y,y)* 10^10;
    end
    setup.droptol= 0.1;
    [L1,U1]= ilu(K,setup);
    Uh= bicgstab(K,B',1e- 15,800,L1,U1,Uh);
    L= Z(1)+ Z(2)+ Z(3);
    for m= 1:Np
       n= (sp(m)- 1)* (Nz+ 1)+ 1;
dh(m)= (1/(2* L))* ((- 11)* Uh(n,1)+ 18* Uh(n+ 1,1)+ (- 9)* Uh(n+ 2,1)+ 2* Uh(n+ 3,1));
        ph(r,m)= abs(((t(1,sp(m)))^2* i)/(w* u)* (dh(m)/Uh(n,1))^2);% pho,r= 16
```

```
      qh(r,m)= atan(imag(dh(m)/Uh(n,1))/real(dh(m)/Uh(n,1)))* (360/(2* pi))+ 90;
    end
end
result= [Nf* Np,Nf,Np];
for j= 1:Np
    result= [result;f,ph(:,j),qh(:,j)];
end
D1= fopen('resultTE.dat','wt');
fprintf(D1,'% .6d    % .2d    % .2d\n',result');
fclose(D1);

function K= Ke1(aa,bb,t)
a= (t* bb)/(6* aa);b= (t* aa)/(6* bb);
k11= 2* (a+ b);k21= a- 2* b;k31= - a- b;
k41= - 2* a+ b;k22= k11;
k32= k41;k42= k31;k33= k11;
k43= k21;k44= k11;
K= [k11 k21 k31 k41;k21 k22 k32 k42;
    k31 k32 k33 k43;k41 k42 k43 k44];

function K= Ke2(aa,bb,k)
a= (aa* bb* k)/36;
k0= [4 2 1 1;2 4 2 1;
     1 2 4 2;1 1 2 4];
K= a* k0;

function K= Ke3(bb,k,t)
b= (t* k* bb)/6;
k0= [2 1 0 0; 1 2 0 0;
     0 0 0 0; 0 0 0 0];
K= b* k0;

function K0= KK1(a,b,c,e,K,NP)
kaa= K(1,1);kab= K(1,2);kac= K(1,3);
kae= K(1,4);kba= K(2,1);kbb= K(2,2);
kbc= K(2,3);kbe= K(2,4);kca= K(3,1);
kcb= K(3,2);kcc= K(3,3);kce= K(3,4);
kea= K(4,1);keb= K(4,2);kec= K(4,3);
kee= K(4,4);K0= sparse(NP,NP);
K0(a,a)= kaa;K0(a,b)= kab;
```

```
K0(a,c)= kac;K0(a,e)= kae;
K0(b,a)= kba;K0(b,b)= kbb;
K0(b,c)= kbc;K0(b,e)= kbe;
K0(c,a)= kca;K0(c,b)= kcb;
K0(c,c)= kcc;K0(c,e)= kce;
K0(e,a)= kea;K0(e,b)= keb;
K0(e,c)= kec;K0(e,e)= kee;
```

编写的网格数据生成函数代码如下：

```
function Xmish= wangge(X,Z,Sp,pp,body,n,m)
[cc,Nx]= size(X);[cc,Nz]= size(Z);[Nb,cc]= size(body);[cc,Ns]= size(Sp);
if n~ = 0
    Xq= X(1)- X(2);Xz= X(Nx)- X(Nx- 1);
    for j= 1:n
        if j= = 1
            Xlift(j)= m^(j- 1)* Xq+ X(1);
            Xright(j)= m^(j- 1)* Xz+ X(Nx);
        else
            Xlift(j)= Xlift(j- 1)+ m^(j- 1)* Xq;
            Xright(j)= Xright(j- 1)+ m^(j- 1)* Xz;
        end
    end
    for j= 1:n
        Xlift1(j)= Xlift(n- j+ 1);
    end
    X= [Xlift1,X,Xright];
end
Xmish= X;

[cc,Nx]= size(X);
for n= 2:Nx
    XX(n- 1)= X(n)- X(n- 1);
    for m= 1:Nb
        if body(m,1)= = 0.01;
            B(m,1)= 1;
        end
        if body(m,1)= = X(n- 1);
            B(m,1)= n- 1;
        end
        if body(m,2)= = 0.01
            B(m,2)= Nx- 1;
```

```
            end
        if body(m,2)==X(n-1);
            B(m,2)=n-1-1;
            end
        end
    end

for n=2:Nz
    ZZ(n-1)=Z(n)-Z(n-1);
    for m=1:Nb
        if body(m,3)==Z(n-1);
            B(m,3)=n-1;
        end
        if body(m,4)==Z(n-1);
            B(m,4)=n-1-1;
        end
            B(m,5)=body(m,5);
        end
end

for n=1:Nx
    for r=1:Ns
        if Sp(r)==X(n)
            sp(r)=n;
        end
    end
end

[cb,cc]=size(B);
for m=1:cb
    B(m,3)=B(m,3);
    B(m,4)=B(m,4);
end
t=[pp*ones(Nz-1,Nx-1)];
for m=1:cb
    for z=1:Nz-1
        for x=1:Nx-1
            if x>=B(m,1) && x<=B(m,2) && z>=B(m,3) && z<=B(m,4)
                t(z,x)=B(m,5);
            end
        end
```

```
            end
        end
end

[cc,cx]= size(XX);[cc,cz]= size(ZZ);maxn= max(cx,cz);
xx= [cx,XX,zeros(1,maxn- cx)]';
zz= [cz,ZZ,zeros(1,maxn- cz)]';
f1= [xx,zz]';
D1= fopen('jiedian','wt');
fprintf(D1,'% .2d  % .2d\n',f1);
fclose(D1);
savemoxing t;
f3= sp';
D3= fopen('cedian','wt');
fprintf(D3,'% d\n',f3);
fclose(D3);
```

编写程序调用二维大地电磁测深正演计算函数，代码如下：

```
clear
clc
f= [512,256,128,64,32,16,8,4,2,1,0.5,0.25,0.125];
X= 0:10:2000;
Z= 0:10:2000;

body= [400,800,430,700,10;1200,1600,430,700,10];
Sp= 0:10:2000;
pp= 100;
m= 1.2;
n= 4;
%%%%%%%%%%%%%%%%%%%%% 生成网格数据  %%%%%%%%%%%%%%%%%%%%%%%
Zmish= Z;
Xmish= wangge(X,Z,Sp,pp,body,n,m);
body= load('moxing'); sc= struct2cell(body); t= cell2mat(sc);
imagesc(t)

f1= f';
D1= fopen('frequency','wt');
fprintf(D1,'% .6d\n',f1);
fclose(D1);
%% zhengyan
```

```
clear
clc
u= 4* pi* 10^(- 7);% 空气中的磁导率
f= load('frequency');
node= load('jiedian');
survey= load('cedian');
body= load('moxing');
sc= struct2cell(body);
P= cell2mat(sc);
p= smooth(P,5);
[ph,qh]= TM2D_forward(f,node,survey,P);
xx= 0:10:2000;
yy= log10(f);
figure (1); imagesc(xx,yy,ph);xlabel('{\itx}(m)');ylabel('log10({\itf})(Hz)');
title('视电阻率- 频率拟断面图');
figure (2); imagesc(xx,yy,qh);xlabel('{\itx}(m)');ylabel('log10({\itf})(Hz)');
title('相位- 频率拟断面图');
```

运行程序,得到二维大地电磁测深视电阻率和相位剖面,如图 4.6 所示。

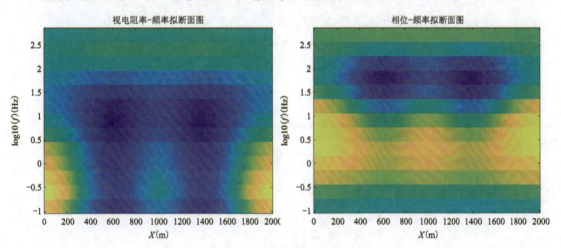

图 4.6　二维大地电磁测深视电阻率和相位剖面

4.3　电(磁)法反演

电(磁)法反演是电法勘探理论和应用的重要组成部分,通常先建立初始的地电模型,计算正演响应,再与实测数据进行对比、计算,通过多次迭代和修正模型参数,使地电模型响应与实测数据吻合,此地电模型的参数就作为反演结果。

4.3.1 基于神经网络的电阻率反演

电阻率反演是一种地球物理勘探技术,旨在通过测量电阻率来推断地下结构。神经网络在地球物理勘探中的应用已经得到了广泛的研究和实践。基于神经网络的电阻率反演是通过建立由输入视电阻率数据到输出反演数据的非线性映射关系,以提高反演的精度和效率。

1943 年美国心理学家 McCulloch 和数学家 Pitts 首次提出神经元的 M-P 模型(图 4.7)。在这个模型中,神经元收到来自 n 个其他神经元传递的输入信号,输入信号通过带权重 ω 的连接进行传递,当前神经元将接收到的总输入值与阈值 θ 进行比较,再通过激活函数处理得到神经元输出 y,相关公式如下所示:

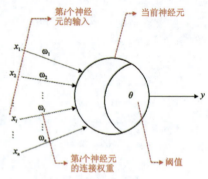

图 4.7 M-P 神经元模型

$$y = f(\sum_{i=1}^{n} \omega_i x_i - \theta) \tag{4.11}$$

神经网络是从单个神经元基础上建立起来的。2006 年加拿大科学家 Hinton 提出的深度神经网络结构已被国内外学者应用于电阻率反演中,较传统反演可有效提高反演精度和效率,但该方法尚未成熟,泛化性和普适性不高。

深度学习中 U-Net 是经典神经网络模型之一,其模型结构如图 4.8 所示。

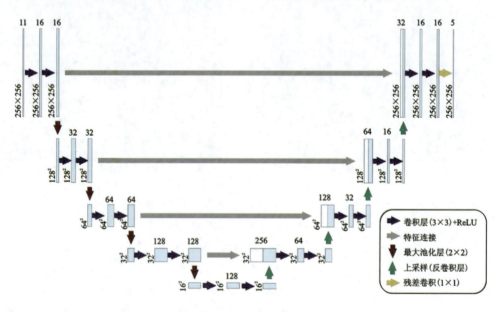

图 4.8 U-Net 架构

基于 U-Net 网络模型的函数代码编写如下:
①基于 U-Net 构建 U-Net 模型架构

第 4 章　电（磁）法勘探程序设计与应用案例

```matlab
function lgraph = unet_AR(inputTileSize)
% 网络参数设置
encoderDepth = 4;
initialEncoderNumChannels = 64;
inputNumchannels = inputTileSize(3);
convFilterSize = 3;
UpconvFilterSize = 2;

layers = imageInputLayer(inputTileSize,'Name','ImageInputLayer');
layerIndex = 1;

% 创建编码层
for sections = 1:encoderDepth     % 循环 1 到 4
    encoderNumChannels = initialEncoderNumChannels * 2^(sections- 1);
    if sections = = 1
        conv1 = convolution2dLayer(convFilterSize,encoderNumChannels,
            'Padding', [1 1],
            'NumChannels', inputNumchannels,
            'BiasL2Factor',0,
            'Name',['Encoder- Section- ' num2str(sections) '- Conv- 1']);

        conv1.Weights = sqrt(2/((convFilterSize^2) * inputNumchannels * encoderNumChannels))
            * randn(convFilterSize, convFilterSize, inputNumchannels, encoderNumChannels);
    else
        conv1 = convolution2dLayer(convFilterSize,encoderNumChannels,
            'Padding', [1 1],
            'BiasL2Factor',0,
            'Name', ['Encoder- Section- ' num2str(sections) '- Conv- 1']);

        conv1.Weights = sqrt(2/((convFilterSize^2) * encoderNumChannels/2 * encoderNumChannels))
            * randn(convFilterSize, convFilterSize, encoderNumChannels/2, encoderNumChannels);
    end

    conv1.Bias = randn(1,1,encoderNumChannels)* 0.00001 + 1;

    relu1 = reluLayer('Name',['Encoder- Section- ' num2str(sections) '- ReLU- 1']);
```

```
    conv2 = convolution2dLayer(convFilterSize,encoderNumChannels,
        'Padding',[1 1],
        'BiasL2Factor',0,
        'Name',['Encoder- Section- ' num2str(sections) '- Conv- 2']);

    conv2.Weights = sqrt(2/((convFilterSize^2)* encoderNumChannels))
            * randn ( convFilterSize, convFilterSize, encoderNumChannels,
encoderNumChannels);
    conv2.Bias = randn(1,1,encoderNumChannels)* 0.00001 + 1;

    relu2 = reluLayer('Name',['Encoder- Section- ' num2str(sections) '- ReLU- 2']);

    layers = [layers; conv1; relu1; conv2; relu2];
    layerIndex = layerIndex + 4;

    if sections = = encoderDepth
        dropOutLayer = dropoutLayer(0.5,'Name',['Encoder- Section- ' num2str
(sections) '- DropOut']);
        layers = [layers; dropOutLayer];
        layerIndex = layerIndex + 1;
    end

    maxPoolLayer = maxPooling2dLayer(2, 'Stride',2,'Name',['Encoder- Section- '
num2str(sections) '- MaxPool']);

    layers = [layers; maxPoolLayer];
    layerIndex = layerIndex + 1;

end

% 创建中间层(最底部)
conv1 = convolution2dLayer(convFilterSize,2* encoderNumChannels,
    'Padding',[1 1],
    'BiasL2Factor',0,
    'Name','Mid- Conv- 1');

conv1.Weights = sqrt(2/((convFilterSize^2)* 2* encoderNumChannels))
```

```
            *  randn ( convFilterSize, convFilterSize, encoderNumChannels, 2 *
encoderNumChannels);
conv1.Bias =  randn(1,1,2* encoderNumChannels)* 0.00001 + 1;

relu1 =  reluLayer('Name','Mid- ReLU- 1');

conv2 =  convolution2dLayer(convFilterSize,2* encoderNumChannels,
    'Padding',[1 1],
    'BiasL2Factor',0,
    'Name','Mid- Conv- 2');

conv2.Weights =  sqrt(2/((convFilterSize^2)* 2* encoderNumChannels))
     *  randn ( convFilterSize, convFilterSize, 2 * encoderNumChannels, 2 *
encoderNumChannels);
conv2.Bias =  zeros(1,1,2* encoderNumChannels)* 0.00001 + 1;

relu2 =  reluLayer('Name','Mid- ReLU- 2');
layers =  [layers; conv1; relu1; conv2; relu2];
layerIndex =  layerIndex + 4;

% 增加 Dropout 层
dropOutLayer =  dropoutLayer(0.5,'Name','Mid- DropOut');

layers =  [layers; dropOutLayer];
layerIndex =  layerIndex + 1;

initialDecoderNumChannels =  encoderNumChannels;

% 创建解码层
for sections =  1:encoderDepth
    decoderNumChannels =  initialDecoderNumChannels / 2^(sections- 1);
    upConv =  transposedConv2dLayer(UpconvFilterSize, decoderNumChannels,
        'Stride',2,
        'BiasL2Factor',0,
        'Name',['Decoder- Section- ' num2str(sections) '- UpConv']);
    upConv.Weights =  sqrt(2/((UpconvFilterSize^2)* 2* decoderNumChannels))
         *  randn (UpconvFilterSize, UpconvFilterSize, decoderNumChannels, 2 *
decoderNumChannels);
    upConv.Bias =  randn(1,1,decoderNumChannels)* 0.00001 + 1;
```

```
    upReLU = reluLayer('Name',['Decoder- Section- ' num2str(sections) '- UpReLU']);
    depthConcatLayer = depthConcatenationLayer(2,'Name',
        ['Decoder- Section- ' num2str(sections) '- DepthConcatenation']);
    conv1 = convolution2dLayer(convFilterSize,decoderNumChannels,
        'Padding',[1 1],
        'BiasL2Factor',0,
        'Name',['Decoder- Section- ' num2str(sections) '- Conv- 1']);
    conv1.Weights = sqrt(2/((convFilterSize^2)* 2* decoderNumChannels))
            * randn ( convFilterSize, convFilterSize, 2 * decoderNumChannels,
decoderNumChannels);
    conv1.Bias = randn(1,1,decoderNumChannels)* 0.00001 + 1;
    relu1 = reluLayer('Name',['Decoder- Section- ' num2str(sections) '- ReLU- 1']);
    conv2 = convolution2dLayer(convFilterSize,decoderNumChannels,
        'Padding',[1 1],...
        'BiasL2Factor',0,...
        'Name',['Decoder- Section- ' num2str(sections) '- Conv- 2']);
    conv2.Weights = sqrt(2/((convFilterSize^2)* decoderNumChannels))
            * randn ( convFilterSize, convFilterSize, decoderNumChannels,
decoderNumChannels);
    conv2.Bias = randn(1,1,decoderNumChannels)* 0.00001 + 1;
    relu2 = reluLayer('Name',['Decoder- Section- ' num2str(sections) '- ReLU- 2']);
    layers = [layers; upConv; upReLU; depthConcatLayer; conv1; relu1; conv2; relu2];
    layerIndex = layerIndex + 7;
end

finalConv = convolution2dLayer(1,2,
    'BiasL2Factor',0,
    'Name','Final- ConvolutionLayer');
finalConv.Weights = randn(1,1,decoderNumChannels,2);
finalConv.Bias = randn(1,1,2)* 0.00001 + 1;
smLayer = softmaxLayer('Name','Softmax- Layer');
pixelClassLayer = pixelClassificationLayer('Name','Segmentation- Layer'); % ,
'ClassNames', classesTbl.Name, 'ClassWeights', classWeights);
layers = [layers; finalConv; smLayer; pixelClassLayer];

% 创建网络图并建立连接
lgraph = layerGraph(layers);
```

```matlab
% 卷积层特征融合
lgraph = connectLayers(lgraph, 'Encoder- Section- 1- ReLU- 2','Decoder- Section- 4- DepthConcatenation/in2');
lgraph = connectLayers(lgraph, 'Encoder- Section- 2- ReLU- 2','Decoder- Section- 3- DepthConcatenation/in2');
lgraph = connectLayers(lgraph, 'Encoder- Section- 3- ReLU- 2','Decoder- Section- 2- DepthConcatenation/in2');
lgraph = connectLayers(lgraph, 'Encoder- Section- 4- DropOut','Decoder- Section- 1- DepthConcatenation/in2');
plot(lgraph)
end
%%
```

②网络训练部分

```matlab
Clc
clear
rootDir = 'D:\1dealData\4- test';   % 数据存放的根目录
imageDir = fullfile(rootDir,'1'); % 存放影像数据的路径
labelDir = fullfile(rootDir,'2'); % 存放标签数据的路径

% 标签的像元值及其对应的类别
labelIDs = [0,255];
classNames = ["background","foreground"];

% 创建训练数据集
imageDataSet = imageDatastore(imageDir);
labelDataSet = pixelLabelDatastore(labelDir,classNames,labelIDs);
% labelDataSet = pixelLabelDatastore(labelDir);
trainingDataSet = pixelLabelImageDatastore(imageDataSet,labelDataSet);

% 同上创建验证数据集
imageDir = fullfile(rootDir,'3');
labelDir = fullfile(rootDir,'4');
imageDataSet = imageDatastore(imageDir);
labelDataSet = pixelLabelDatastore(labelDir,classNames,labelIDs);
valDataSet = pixelLabelImageDatastore(imageDataSet,labelDataSet);

% imageSize = [368,496,3];   % 输入影像尺寸
% numClasses = 2;            % 输出类别数
```

```
% encoderDepth = 4;              % U-Net 层数
% [netLayers, outsize] = unetLayers (imageSize, numClasses,'EncoderDepth',
encoderDepth);
% 构建 U-Net 模型
inputTileSize = [256,512,3];
lgraph = unet_AR(inputTileSize);
disp(lgraph.Layers)

% 设置模型训练超参数
options = trainingOptions('adam',                    % 定义优化器
                        'InitialLearnRate',1e-4,     % 定义初始学习率
                        'Plots','training-progress', % 实时绘制训练曲线
                        'MaxEpochs',80,              % 迭代轮次
                        'MiniBatchSize',5,           % 批次大小
                        'VerboseFrequency',2,        % 精度评估频率
                        'ExecutionEnvironment','auto', % 运行环境
                        'Shuffle','every-epoch',     % 样本输入次序随机化
                        'ValidationData',valDataSet, % 验证数据集
                        'ValidationFrequency',1,     % 验证精度评估频率
                        'WorkerLoad',4,              % 多核并行核心数
                        'CheckPointPath',rootDir);   % 保存模型中间结果
% 训练模型
net = trainNetwork(trainingDataSet, lgraph, options);
```

③网络测试部分

```
data = load('D:\1dealData\4-test\net_checkpoint_800_2023_12_12_22_39_08.mat');
net = data.net;
pic = imread('D:\1dealData\4-test\t\437-950-50.png');
out2 = predict(net, pic);
subplot(1,2,1)
imshow(pic)
subplot(1,2,2)
imshow(out2(:,:,2))
%%
```

网络训练时,命令行窗口将显示网络配置信息和训练日志,如图4.9所示,第1列为操作编号,第2、3列为操作步骤,第4列为操作属性详情。

编号1是图像输入层,输入尺寸为256×512×3的图像并对图像进行归一化操作。编号2—22为网络编码层,其中包含卷积、最大池化、ReLU正则化和丢弃操作,卷积层步幅为1,填充为1,卷积核为3×3;最大池化层步幅为1,卷积核为2×2;丢弃操作一般在中间层使用,方便调参的同时通过权重衰减来防止网络训练过拟合。编号23—27为网络中间层,编号

28—55 为网络解码层,其中包含 4 次转置卷积、4 次深度串联(特征连接)、卷积和 ReLU 操作。编号 56 为最后卷积层,整合图像特征,将网络学到的抽象表示转换为更具体的像素级别的预测;编号 57 为 Softmax 激活函数,用于多类别分类问题的输出。网络训练过程中会依次显示迭代次数、经过时间、训练准确率、验证准确率、训练损失值、验证损失值、学习率。

2	'Encoder-Section-1-Conv-1'	二维卷积	64 3×3×3 卷积:步幅 [1 1],填充 [1 1 1 1]
3	'Encoder-Section-1-ReLU-1'	ReLU	ReLU
4	'Encoder-Section-1-Conv-2'	二维卷积	64 3×3×64 卷积:步幅 [1 1],填充 [1 1 1 1]
5	'Encoder-Section-1-ReLU-2'	ReLU	ReLU
6	'Encoder-Section-1-MaxPool'	二维最大池化	2×2 最大池化:步幅 [2 2],填充 [0 0 0 0]
7	'Encoder-Section-2-Conv-1'	二维卷积	128 3×3×64 卷积:步幅 [1 1],填充 [1 1 1 1]
8	'Encoder-Section-2-ReLU-1'	ReLU	ReLU
9	'Encoder-Section-2-Conv-2'	二维卷积	128 3×3×128 卷积:步幅 [1 1],填充 [1 1 1 1]
10	'Encoder-Section-2-ReLU-2'	ReLU	ReLU
11	'Encoder-Section-2-MaxPool'	二维最大池化	2×2 最大池化:步幅 [2 2],填充 [0 0 0 0]
12	'Encoder-Section-3-Conv-1'	二维卷积	256 3×3×128 卷积:步幅 [1 1],填充 [1 1 1 1]
13	'Encoder-Section-3-ReLU-1'	ReLU	ReLU
14	'Encoder-Section-3-Conv-2'	二维卷积	256 3×3×256 卷积:步幅 [1 1],填充 [1 1 1 1]
15	'Encoder-Section-3-ReLU-2'	ReLU	ReLU
16	'Encoder-Section-3-MaxPool'	二维最大池化	2×2 最大池化:步幅 [2 2],填充 [0 0 0 0]
17	'Encoder-Section-4-Conv-1'	二维卷积	512 3×3×256 卷积:步幅 [1 1],填充 [1 1 1 1]
18	'Encoder-Section-4-ReLU-1'	ReLU	ReLU
19	'Encoder-Section-4-Conv-2'	二维卷积	512 3×3×512 卷积:步幅 [1 1],填充 [1 1 1 1]
20	'Encoder-Section-4-ReLU-2'	ReLU	ReLU
21	'Encoder-Section-4-DropOut'	丢弃	50% 丢弃
22	'Encoder-Section-4-MaxPool'	二维最大池化	2×2 最大池化:步幅 [2 2],填充 [0 0 0 0]
23	'Mid-Conv-1'	二维卷积	1024 3×3×512 卷积:步幅 [1 1],填充 [1 1 1 1]
24	'Mid-ReLU-1'	ReLU	ReLU
25	'Mid-Conv-2'	二维卷积	1024 3×3×1024 卷积:步幅 [1 1],填充 [1 1 1 1]
26	'Mid-ReLU-2'	ReLU	ReLU
27	'Mid-DropOut'	丢弃	50% 丢弃
28	'Decoder-Section-1-UpConv'	二维转置卷积	512 2×2×1024 转置卷积:步幅 [2 2],裁剪 [0 0 0 0]
29	'Decoder-Section-1-UpReLU'	ReLU	ReLU
30	'Decoder-Section-1-DepthConcatenation'	深度串联	深度串联: 2 个输入
31	'Decoder-Section-1-Conv-1'	二维卷积	512 3×3×1024 卷积:步幅 [1 1],填充 [1 1 1 1]
32	'Decoder-Section-1-ReLU-1'	ReLU	ReLU
33	'Decoder-Section-1-Conv-2'	二维卷积	512 3×3×512 卷积:步幅 [1 1],填充 [1 1 1 1]
34	'Decoder-Section-1-ReLU-2'	ReLU	ReLU
35	'Decoder-Section-2-UpConv'	二维转置卷积	256 2×2×512 转置卷积:步幅 [2 2],裁剪 [0 0 0 0]
36	'Decoder-Section-2-UpReLU'	ReLU	ReLU
37	'Decoder-Section-2-DepthConcatenation'	深度串联	深度串联: 2 个输入
38	'Decoder-Section-2-Conv-1'	二维卷积	256 3×3×512 卷积:步幅 [1 1],填充 [1 1 1 1]
39	'Decoder-Section-2-ReLU-1'	ReLU	ReLU
40	'Decoder-Section-2-Conv-2'	二维卷积	256 3×3×256 卷积:步幅 [1 1],填充 [1 1 1 1]
41	'Decoder-Section-2-ReLU-2'	ReLU	ReLU
42	'Decoder-Section-3-UpConv'	二维转置卷积	128 2×2×256 转置卷积:步幅 [2 2],裁剪 [0 0 0 0]
43	'Decoder-Section-3-UpReLU'	ReLU	ReLU
44	'Decoder-Section-3-DepthConcatenation'	深度串联	深度串联: 2 个输入
45	'Decoder-Section-3-Conv-1'	二维卷积	128 3×3×256 卷积:步幅 [1 1],填充 [1 1 1 1]
46	'Decoder-Section-3-ReLU-1'	ReLU	ReLU
47	'Decoder-Section-3-Conv-2'	二维卷积	128 3×3×128 卷积:步幅 [1 1],填充 [1 1 1 1]
48	'Decoder-Section-3-ReLU-2'	ReLU	ReLU
49	'Decoder-Section-4-UpConv'	二维转置卷积	64 2×2×128 转置卷积:步幅 [2 2],裁剪 [0 0 0 0]
50	'Decoder-Section-4-UpReLU'	ReLU	ReLU
51	'Decoder-Section-4-DepthConcatenation'	深度串联	深度串联: 2 个输入
52	'Decoder-Section-4-Conv-1'	二维卷积	64 3×3×128 卷积:步幅 [1 1],填充 [1 1 1 1]
53	'Decoder-Section-4-ReLU-1'	ReLU	ReLU
54	'Decoder-Section-4-Conv-2'	二维卷积	64 3×3×64 卷积:步幅 [1 1],填充 [1 1 1 1]
55	'Decoder-Section-4-ReLU-2'	ReLU	ReLU
56	'Final-ConvolutionLayer'	二维卷积	2 1×1×64 卷积:步幅 [1 1],填充 [0 0 0 0]
57	'Softmax-Layer'	Softmax	softmax
58	'Segmentation-Layer'	Pixel Classification Layer	Cross-entropy loss

在单 GPU 上训练。
正在初始化输入数据归一化。

轮	迭代	经过的时间 (hh:mm:ss)	小批量准确度	验证准确度	小批量损失	验证损失	基础学习率
1	1	00:00:07	92.43%	78.34%	1.1432	2.7956	1.0000e-04

图 4.9 网络训练日志

经过 50 轮单 GPU 训练,每轮进行 40 次迭代,总计进行了 2000 次迭代后,网络训练完成。该过程耗时 100min44s,精确率达 96.45%。由图 4.10 中的网络训练准确率和损失值曲线可知,网络在第 15 轮后准确率基本保持在 90% 以上。

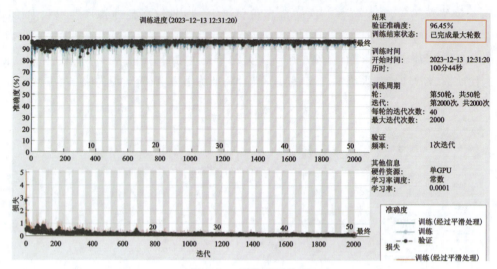

图 4.10　网络训练进度

选取测试集中的数据,通过测试代码对网络进行评估。测试结果如图 4.11 所示,左图为视电阻率数据,右图为网络反演测试结果,图中清晰地显示了异常轮廓和异常位置信息。

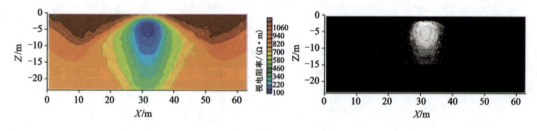

图 4.11　网络测试结果

4.3.2　大地电磁测深反演

本节介绍大地电磁测深二维反演,采用非线性反演方法中的模拟退火算法。

1)模拟退火算法原理

模拟退火算法是模拟金属升温或降温的过程,在实际搜索过程中具有概率突跳的能力,能够有效避免搜索过程陷入局部极小解。在退火过程中不但接受好的解,也以一定概率接受差的解,突变的概率受温度参数控制,其大小随温度的下降而减小。

大地电磁反演采用模拟退火算法,构建反演目标函数如下:

$$P^a(x) = \| [d^{obs} - d(x)] \|^2 \tag{4.12}$$

2)算法步骤

具体的算法步骤如下:

①给定初始退火温度 T_0,随机产生初始解 x_0,并计算目标值 $P(x_0)$;

②下一次温度 $T = \lambda T_0$，其中温度下降速率 λ 取值范围是 0 到 1 之间；

③对当前解 x_0 增添随机扰动，在其领域内产生一个新解 x_{k+1}，并计算对应的目标值 $P(x_{k+1})$，计算 $\Delta P = P(x_{k+1}) - P(x_0)$；

④若 $\Delta P < 0$，接受新解作为当前解，否则按照概率 $e^{-\Delta P/\lambda T}$ 判断是否接受新解；

⑤在温度 T 下，重复 N 次扰动和接受过程，即执行步骤③和步骤④；

⑥判断温度是否达到终止温度水平，若是，则终止算法，否则返回步骤②。

大地电磁测深二维反演主程序代码如下：

```
clear all
clc
u= 4* pi* 10^(- 7);
Z0= [10000,5000,3000,2000,1000,500,200,100];
f= load('frequency');
node= load('jiedian');
survey= load('cedian');
body= load('moxing');
sc= struct2cell(body);
P= cell2mat(sc);
smoothness= 7;
p= smooth(P,smoothness);
[ph,qh]= TM2D_forward(f,node,survey,p);
d_obs= ph;
e= 0.4;
s0= smooth(p.* rand(size(p,1),size(p,2)),1);
r0= norm(d_obs- TE2D_forward(f,node,survey,Z0,s0))^2;
T0= 1000;
i1= 0;
T= T0;
for i= 5
i1= 0;
    while norm(r0)* norm(r0)> e&&i1< 10
    r0= d_obs- TE2D_forward(f,node,survey,Z0,s0);
    rnd= 100+ 50.* rand(size(p,1),size(p,2),1);
    s1= 1./rnd+ s0;
    r1= d_obs- TE2D_forward(f,node,survey,Z0,s1);
    phi= norm(r1)- norm(r0);
    if(phi< = 0)
```

```
        s0= s1;
      else
        p= exp(- phi/T);
        if(rand(1,1)< = p)
        s0= s1;
        end
      end
      i1= i1+ 1;
    end

    T= T0* 0.99^(i);
    if T> 0.1;
    break;
    end
disp(i);
disp(T)
end
%%%%%%%%%%%%%    反演结果显示    %%%%%%%%%%%%%
figure
imagesc(p)
colormap('jet');
colorbar;
my_handle= colorbar;
my_handle.Title.String= '\Omega\cdotm';
my_handle.FontSize= 12;
xlabel('水平距离(km)');
ylabel('深度(km)');
```

初始电阻率模型如图 4.12 所示,运行程序后,得到最终的反演结果如图 4.13 所示。

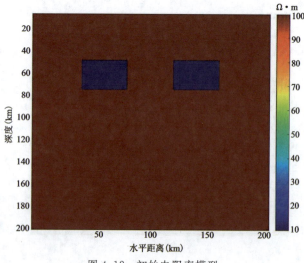

图 4.12 初始电阻率模型

第4章 电(磁)法勘探程序设计与应用案例

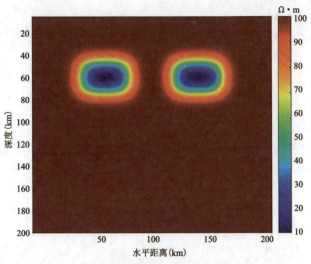

图 4.13 反演电阻率结果图

反演主程序运行调用的 function 函数代码如下：

① TM 模式正演函数

```
function [ph,qh]= TM2D_forward(f,node,survey,t)
u= 4* pi* 10^(- 7);
sp= survey;
[Np,cc]= size(sp);
X= node(2:node(1,1)+ 1,1)';
Z= node(2:node(1,2)+ 1,2)';

[cc,Nx]= size(X);      [cc,Nz]= size(Z);      [Nf,cc]= size(f);
NP= (Nx+ 1)* (Nz+ 1);
Kz1= sparse(NP,NP);    Kz2= sparse(NP,NP);    Kz3= sparse(NP,NP);
w0= 2* pi* 1;
pp= 100;
k= i* w0* u;
for h= 1:Nx
    for j= 1:Nz
        a= (h- 1)* (Nz+ 1)+ j;        b= (h- 1)* (Nz+ 1)+ j+ 1;
        c= (h- 1)* (Nz+ 1)+ j+ (Nz+ 1)+ 1; e= c- 1;
        K1= Ke1(X(h),Z(j),t(j,h));  K2= Ke2(X(h),Z(j),k);
        Kz1= Kz1+ KK1(a,b,c,e,K1,NP);
        Kz2= Kz2+ KK1(a,b,c,e,K2,NP);
        if(j= = Nz)
            kk= sqrt((- i* w0* u)/pp);
            K3= Ke3(Z(j),kk,t(j,h));
```

```
                Kz3= Kz3+ KK1(a,b,c,e,K3,NP);
            end
        end
    end
toc
Uh= zeros(NP,1);
for r= 1:Nf
    B= zeros(1,NP);
    w= 2* pi* f(r);
    K= Kz1- f(r)* Kz2+ sqrt(f(r))* Kz3;
    for x= 1:(Nx+ 1)
        y= (x- 1)* (Nz+ 1)+ 1;
        K(y,y)= K(y,y)* 10^10;
        B(1,y)= K(y,y)* 10^10;
    end
    setup.droptol= 0.1;
    [L1,U1]= ilu(K,setup);
    Uh= bicgstab(K,B',1e- 15,800,L1,U1,Uh);
    L= Z(1)+ Z(2)+ Z(3);
    for m= 1:Np
        n= (sp(m)- 1)* (Nz+ 1)+ 1;
dh(m)= (1/(2* L))* ((- 11)* Uh(n,1)+ 18* Uh(n+ 1,1)+ (- 9)* Uh(n+ 2,1)+ 2* Uh(n+ 3,1));
        ph(r,m)= abs(((t(1,sp(m)))^2* i)/(w* u)* (dh(m)/Uh(n,1))^2);
        qh(r,m)= atan(imag(dh(m)/Uh(n,1))/real(dh(m)/Uh(n,1)))* (360/(2* pi))+ 90;
    end
end
toc
result= [Nf* Np,Nf,Np];
for j= 1:Np
    result= [result;f,ph(:,j),qh(:,j)];
end
D1= fopen('resultTE.dat','wt');
fclose(D1);
```

②TE 模式正演

```
function [pe,qe]= TE2D_forward(f,node,survey,Z0,p)
u= 4* pi* 10^(- 7);
sp= survey;
[Np,cc]= size(sp);
```

```
X= node(2:node(1,1)+ 1,1)';
Z= node(2:node(1,2)+ 1,2)';
Z= [Z0,Z];
NK= length(Z0);
[cc,Nx]= size(X);        [cc,Nz]= size(Z);        [Nf,cc]= size(f);
NP= (Nx+ 1)* (Nz+ 1);
Kz1= sparse(NP,NP);   Kz2= sparse(NP,NP);   Kz3= sparse(NP,NP);
%%%%%%%%%%%%%%%%%% 求刚度系数矩阵 %%%%%%%%%%%%
w0= 2* pi* 1;
pp= 100;
tic
t= 1/(i* w0* u);
P= [[10^4* ones(NK,Nx)];p];
for h= 1:Nx
    for j= 1:Nz
        k= 1/P(j,h);
        a= (h- 1)* (Nz+ 1)+ j;            b= (h- 1)* (Nz+ 1)+ j+ 1;
        c= (h- 1)* (Nz+ 1)+ j+ (Nz+ 1)+ 1; e= c- 1;
        K1= Ke1(X(h),Z(j),t);   K2= Ke2(X(h),Z(j),k);
        Kz1= Kz1+ KK1(a,b,c,e,K1,NP);
        Kz2= Kz2+ KK1(a,b,c,e,K2,NP);
        if(j= = Nz)
            kk= sqrt((- i* w0* u)/pp);
            K3= Ke3(Z(j),kk,t);
            Kz3= Kz3+ KK1(a,b,c,e,K3,NP);
        end
    end
end
Ue= zeros(NP,1);
%%%%%%%%%%%% 线性方程组求解 %%%%%%%%%%%%%%%%%%
for r= 1:Nf
    B= zeros(1,NP);
    w= 2* pi* f(r);
    K= (1/f(r))* Kz1- Kz2+ sqrt(f(r))* (1/f(r))* Kz3;
    for x= 1:(Nx+ 1)
        y= (x- 1)* (Nz+ 1)+ 1;
        K(y,y)= K(y,y)* 10^10;
        B(1,y)= K(y,y)* 10^10;
    end
    setup.droptol= 0.1;
```

```
        [L1,U1]= ilu(K,setup);
        Ue= bicgstab(K,B',1e- 15,800,L1,U1,Ue);
        L= Z(1+ NK)+ Z(2+ NK)+ Z(3+ NK);
        for m= 1:Np
            n= (sp(m)- 1)* (Nz+ 1)+ 1+ NK;
            de(m)= (1/(2* L))* ((- 11)* Ue(n,1)+ 18* Ue(n+ 1,1)+ (- 9)* Ue(n+ 2,1)+ 2*
Ue(n+ 3,1));
            pe(r,m)= abs(- i* w* u* (Ue(n,1)/de(m))^2);
            qe(r,m)= 90+ atan(imag(Ue(n,1)* i* w* u/de(m))/real(Ue(n,1)* i* w* u/de
(m)))* (360/(2* pi));
        end
end
result= [Nf* Np,Nf,Np];
for j= 1:Np
    result= [result;f,pe(:,j),qe(:,j)];
end
D1= fopen('resultTE.dat','wt');
fprintf(D1,'% .6d  % .2d  % .2d\n',result');
fclose(D1);
```

③刚度矩阵参数函数1

```
function K= Ke1(aa,bb,t)
a= (t* bb)/(6* aa);b= (t* aa)/(6* bb);
k11= 2* (a+ b);k21= a- 2* b;k31= - a- b;k41= - 2* a+ b;k22= k11;
k32= k41;k42= k31;k33= k11;k43= k21;k44= k11;
K= [k11 k21 k31 k41; k21 k22 k32 k42;k31 k32 k33 k43; k41 k42 k43 k44];
```

④刚度矩阵参数函数2

```
function K= Ke2(aa,bb,k)
a= (aa* bb* k)/36;
k0= [4 2 1 1; 2 4 2 1; 1 2 4 2; 1 1 2 4];
K= a* k0;
```

⑤刚度矩阵参数函数3

```
function K= Ke3(bb,k,t)
b= (t* k* bb)/6;
k0= [2 1 0 0; 1 2 0 0; 0 0 0 0; 0 0 0 0];
K= b* k0;
```

⑥刚度矩阵参数函数4

```
function K0= KK1(a,b,c,e,K,NP)
kaa= K(1,1);kab= K(1,2);kac= K(1,3);kae= K(1,4);
kba= K(2,1);kbb= K(2,2);kbc= K(2,3);kbe= K(2,4);
kca= K(3,1);kcb= K(3,2);kcc= K(3,3);kce= K(3,4);
```

```
kea= K(4,1);keb= K(4,2);kec= K(4,3);kee= K(4,4);
K0= sparse(NP,NP);
K0(a,a)= kaa;K0(a,b)= kab;K0(a,c)= kac;K0(a,e)= kae;
K0(b,a)= kba;K0(b,b)= kbb;K0(b,c)= kbc;K0(b,e)= kbe;
K0(c,a)= kca;K0(c,b)= kcb;K0(c,c)= kcc;K0(c,e)= kce;
K0(e,a)= kea;K0(e,b)= keb;K0(e,c)= kec;K0(e,e)= kee;
```

⑦光滑函数

```
function S = smooth(M,smoothness)
S= imfilter(M,fspecial('gaussian',[50 50],smoothness),'replicate');
```

第 5 章　地震勘探程序设计与应用案例

地震勘探是以地下介质弹性性质的差异为基础,研究地震波在地下介质中传播规律和特征,并通过采集、处理和解释地震波以推断地下介质的弹性性质和赋存形态等的一种地球物理勘探方法,被广泛应用于油气、固体矿产、工程与环境的勘探与评价。本章选取地震勘探中的部分常见问题,重点介绍合成地震记录制作、地震数据读取与输出、地震数据处理等几个方面的程序设计案例。

5.1　合成地震记录的制作

地震记录由地震子波与反射系数序列褶积而成,常被用于地震正演模拟、数据处理和解释等环节。本节针对地震资料解释环节的井震标定问题,介绍如何利用测井曲线计算反射系数,并与地震子波褶积制作合成地震记录。

5.1.1　地震子波

地震子波包含多种类型,按照相位特性可分为零相位子波、最小相位子波、最大相位子波和混合相位子波。在正演模拟中通常采用零相位子波,即雷克子波,表示为

$$w(t) = [1 - 2(\pi f_m t)^2] e^{-(\pi f_m t)^2} \tag{5.1}$$

式中,f_m 为峰值频率。

例 5.1　编写雷克子波函数,显示峰值频率为 30 Hz、60 Hz 和 90 Hz 的雷克子波波形。

首先,编写雷克子波函数,代码如下:

```
function wavelet= ricker(dt,fm,nt)
% dt 为采样率
% fm 为峰值频率
% nt 为采样点数
tmin= - dt* round(nt/2);
tmax= - tmin- dt;
tw= tmin:dt:tmax;
wavelet= (1- 2.* tw.^2* pi^2* fm^2).* exp(- tw.^2* pi^2* fm^2);
```

然后,调用雷克子波函数,显示峰值频率为 30 Hz、60 Hz 和 90 Hz 的雷克子波波形,编写的程序代码如下:

```
clear all
clc
[wavelet1,t1]= ricker(0.001,30,1024);
[wavelet2,t2]= ricker(0.001,60,1024);
[wavelet3,t3]= ricker(0.001,90,1024);
plot(t1,wavelet1,'r- - ',t2,wavelet2,'b- ',t3,wavelet3,'k- + ')
set(gca,'XLim',[- 0.04,0.04])
legend('峰值频率 30Hz','峰值频率 60Hz','峰值频率 90Hz')
xlabel('时间(s)');
ylabel('振幅');
```

运行程序,得到如图 5.1 所示的结果。

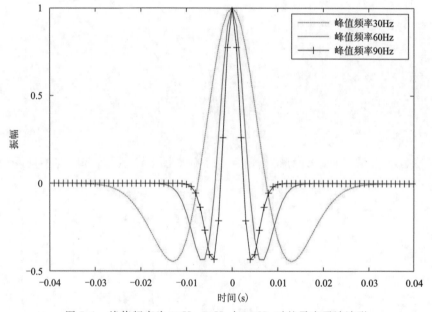

图 5.1　峰值频率为 30Hz、60Hz 与 90Hz 时的雷克子波波形

5.1.2　合成地震记录

不含噪声情况下,地震合成记录的褶积模型可表示为

$$S(t) = R(t) * w(t) \tag{5.2}$$

其中,$R(t) = (\rho_i V_i - \rho_{i-1} V_{i-1})/(\rho_i V_i + \rho_{i-1} V_{i-1})$,为反射系数序列。

例 5.2　利用 MATLAB 软件编程,实现利用测井曲线制作合成地震记录并显示地震子波分别采用不同峰值频率的雷克子波。

编写的程序代码如下:

```
clear
clc
%% 测井曲线的读取
```

```
a= load('E:\AVOfanyan\sihe- well\well0905.txt');% 载入测井数据
%% 合成地震记录制作
for i= 1:length(a)- 1
    R(i,1)= (a(i+ 1,2)* a(i+ 1,3)- a(i,2)* a(i,3))/...
        (a(i+ 1,2)* a(i+ 1,3)+ a(i,2)* a(i,3));% 计算反射系数
end
for w= 10:10:100
wavelet(w,:)= ricker(0.001,w,128);% 雷克子波
s(w,:)= conv(R,wavelet(w,:)');% 褶积(卷积)
end
figure(1)
plot(R(:,1),1:i,'r- ');
set(gca,'ydir','reverse');
xlabel('反射系数');
ylabel('深度 (m)');
figure(2)
wigb(s(10:10:100,65:length(s)- 64)');
xlabel('道号');
ylabel('深度 (m)');
```

运行程序后,利用测井曲线计算得到的反射系数如图 5.2 所示;分别与不同峰值频率的雷克子波褶积得到的合成地震记录如图 5.3 所示。

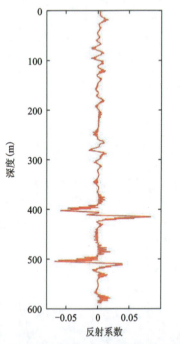

图 5.2 测井曲线计算的反射系数

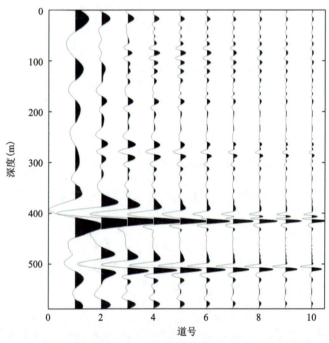

图 5.3 测井曲线合成的地震记录

例 5.3　利用 C 语言编程，制作随机连续振动信号合成记录。
编写的程序代码如下：

```
# include < iostream>
# include < math.h>
# include < stdio.h>
# include < stdlib.h>
# include < time.h>
# include < malloc.h>
//= = = = = = = = = = = = = = = = = = = = = = = = = = = = = = = = = = = = =
//函 数 名:ricker
//功能描述:生成雷克子波数据序列
//输入参数:dt 为采样间隔
//         fm 为峰值频率
//         nt 为采样点数
//         wavelet 为生成的序列数据
//返 回 值:无
//= = = = = = = = = = = = = = = = = = = = = = = = = = = = = = = = = = = = =
void ricker(double dt,double fm,int nt,double * wavelet)
{
    double tmin,tmax,tw;
    double pi = 4* atan(1.0f);

    tmin = - (dt* nt)/2.0f;
    tmax = - tmin;
    tw= 0;
    for (int i= 0;i< nt;i+ + )
    {
        tw= tmin+ i* dt;
        wavelet[i] = (1- 2* (tw* pi* fm)* (tw* pi* fm))* exp(- (tw* pi* fm)* (tw* pi* fm));
    }
}


//= = = = = = = = = = = = = = = = = = = = = = = = = = = = = = = = = = = = =
//函 数 名:conv
//功能描述:褶积(卷积)
//输入参数:* u,nu,一维序列
//         * v,nu,一维序列
//         * w,* w 在外面申请好空间,长度不小于 nu+ nv- 1
//返 回 值:卷积后序列长度
```

```
//= = = = = = = = = = = = = = = = = = = = = = = = = = = = = = = = = = = = = =
unsigned int conv(double * u,unsigned int nu,double * v,unsigned int nv,double *
w)
{
    unsigned int bLen= 0;

    if (! u || ! v || ! w)
    {
        return bLen;
    }

    for (unsigned int i = 0; i < nv+ nu- 1; i+ + )
    {
        for (unsigned int j = 0; j < nu; j+ + )
        {
            if (i- j< 0 || i - j > = nv)
            {
                break;
            }
            w[i] + = u[j] * v[i- j];
        }
    }
    return nu+ nv- 1;
}
//合成随机振动序列
int main() {

    double dt= 0.0002 ;//采样间隔,单位 s
    unsigned int nt = 2048;   //采样点数

    //事件数量随机
    int nMinNum = 10;
    int nMaxNum = 50;

    srand((unsigned)time(NULL));//初始化种子值为系统时间值
    int nEvnum = rand()% (nMaxNum- nMinNum) + nMinNum;//产生一个 1~ nMaxNum 之间的数

    //事件的初至时间随机(1~ nt)
    unsigned int * nEvTimePos = (unsigned int * )malloc(sizeof(unsigned int) *
nEvnum);
```

```c
//反射系数随机(-1~1间)
double * pEvCoef= (double * )malloc(sizeof(double)* nEvnum);

//各事件子波主频随机(10~300)
int nMaxFre = 300;
int nMinFre = 10;
unsigned int nw = (1.0f/nMinFre)/dt;
double * pEvFre= (double * )malloc(sizeof(double)* nEvnum);

//生成各事件的随机初至、随机振幅系数、子波主频
for (int i= 0;i< nEvnum;i++ )
{
    nEvTimePos[i]= rand()% (nt-1) + 1;
    pEvCoef[i]= rand()/(RAND_MAX+ 0.0)* 2-1;
    pEvFre[i]= rand()/(RAND_MAX+ 0.0)* (nMaxFre- nMinFre)+ nMinFre;

    printf("% d,% f,% f\n",nEvTimePos[i],pEvCoef[i],pEvFre[i]);
}
//多次卷积后累加
double * pAllCoef= (double * )malloc(sizeof(double)* (nt+ nw));

double * pWavelet= (double * )malloc(sizeof(double)* nw);
memset(pWavelet,0,sizeof(double)* nw);

double * pConv= (double * )malloc(sizeof(double)* (nt+ nw+ nw-1));
memset(pConv,0,sizeof(double)* (nt+ nw+ nw-1));

double * pSumConv= (double * )malloc(sizeof(double)* nt);
memset(pSumConv,0,sizeof(double)* nt);

for (int i= 0;i< nEvnum;i++ )
{
    //生成子波
    ricker(dt,pEvFre[i],nw,pWavelet);

    //生成系数
    memset(pAllCoef,0,sizeof(double)* (nt+ nw));
    pAllCoef[nEvTimePos[i]] = pEvCoef[i];
```

```c
//卷积
memset(pConv,0,sizeof(double)*(nt+nw+nw-1));
conv(pWavelet,nw,pAllCoef,nt+nw,pConv);

for (int j=0;j<nt;j++)
{
    pSumConv[j]+=pConv[nw/2+j];
}
}

for (int j=0;j<nt;j++)
{
    printf("%f\n",pSumConv[j]);
}

//保存文件
FILE * fp1;
fp1=fopen("d:\\temp\\合成随机振动信号.txt","w");

for (int i=0;i<nt;i++)
{
    fprintf(fp1,"%f,%f\n",(i+1)*dt,pSumConv[i]);

}
fclose(fp1);

free(nEvTimePos);
free(pEvCoef);
free(pEvFre);
free(pAllCoef);
free(pWavelet);
free(pConv);
free(pSumConv);

system("pause");
return 0;
}
```

运行程序后,获得的随机连续振动信号的合成记录如图5.4所示。

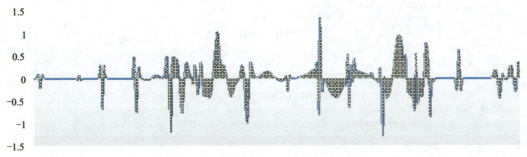

图 5.4　随机连续振动信号的合成记录

5.2　地震数据的读取与输出

地震数据一般是按一定特殊格式保存在磁盘中的二进制文件。对地震数据进行读取、显示、计算和保存，是地震数据处理和解释环节中的常见工作和基础操作。SEG-Y 格式是由国际勘探地球物理学家学会（Society of Exploration Geophysicists，SEG）提出的标准磁带数据格式之一，是石油勘探行业最为普遍的地震数据格式之一。本节将重点介绍地震数据（SEG-Y 格式）的读取、显示以及保存的程序设计案例。

标准 SEG-Y 文件一般包括三部分：第一部分是 EBCDIC 文件头（3200 字节），用来保存一些对地震数据体进行描述的信息；第二部分是二进制文件头（400 字节），用来存储描述 SEG-Y 文件的一些关键信息，包括 SEG-Y 文件的数据格式、采样点数、采样间隔、测量单位等一些信息，这些信息一般存储在二进制文件头的固定位置上；第三部分是实际的地震道，每条地震道都包含 240 字节的道头信息和地震道数据。道头数据中一般保存该地震道对应的线号、道号、采样点数、大地坐标等信息，但一些关键的参数位置（如线号、道号在道头中的位置）并不固定。

地震道数据是对地震信号的波形按一定时间间隔 Δt 进行取样，再把这一系列的离散振幅值以某种方式记录下来。地震数据格式可以是 IBM 浮点型、IEEE 浮点型、整型、长整型等。一个三维地震工区同一次处理的地震数据格式是唯一的。地震道采样点数由该地震道道头中采样点数决定，大部分 SEG-Y 文件的所有地震道采样点数是一致的，但也存在不同地震道采样点数不同的情况，一般称这种 SEG-Y 文件为变道长格式的 SEG-Y 文件。

例 5.4　分别利用 C 语言和 MATLAB 软件编写程序读取地震单炮记录，并进行显示、输出和保存。

（1）采用 C 语言实现 SEG-Y 地震数据文件的读取和保存

编写的程序代码如下：

```
# pragma once
# pragma pack(push)
# pragma pack(1)
# include < iostream>
# include < math.h>
```

```c
# include < stdio.h>
# include < stdlib.h>
# include < time.h>
# include < malloc.h>

//文件头定义
//SEG_Y 格式的地震数据管理类
//1994 年更新格式
struct SEG_Y_ReelHeader      //文件头(400 字节)
{
    long   JOB_ID_NO;            //1   [Long Integer]   4   1 - Job Identification number.
    long   LINE_NUMBER;          //2   [Long Integer]   4   5 - Line number(Only one per reel).
    long   REEL_NUMBER;          //3   [Long Integer]   4   9 - Reel number.
    short TRACES_PER_RECORD;    //4   [Short Integer]  2   13 - Number of data traces per record.
    short AUXS_PER_RECORD;      //5   [Short Integer]  2   15 - Number of auxiliary traces per record.
    short SAMPLE_RATE;          //6   [Short Integer]  2   17 - Sample rate this reel (micro- seconds).
    short SAMPLE_RATE_FIELD;    //7   [Short Integer]  2   19 - Field sample rate(micro - seconds).
    short NSAMPLES;             //8   [Short Integer]  2   21 - No. of samples per data trace.
    short NSAMPLES_FIELD;       //9   [Short Integer]  2   23 - No. of samples per data trace for Original field recording.
    short FORMAT_CODE;          //10  [Short Integer]  2   25 - Data Format (1- Float,2- Long,3- Short,4- Fixed point,5- IEEE Float,8- Byte).
    short ENSEMBLE_FOLD;        //11  [Short Integer]  2   27 - Expected number of data traces per trace ensemble(e.g. CMP fold).
    short TRACE_SORT;           //12  [Short Integer]  2   29 - Trace sort code(1- NoSort,2- CDP,3- SingleFold,4- Stacked).
    short VERTICAL_SUM;         //13  [Short Integer]  2   31 - Vertical sum code(1- NoSum,2- 2Sum,....N= NSum).
    short SWEEP_FREQ_START;     //14  [Short Integer]  2   33 - Sweep start frequency (Hz).
    short SWEEP_FREQ_END;       //15  [Short Integer]  2   35 - Sweep end frequency (Hz).
    short SWEEP_FREQ_LENGTH;    //16  [Short Integer]  2   37 - Sweep length(ms).
```

```c
    short SWEEP_TYPE;//17    [Short Integer]   2   39 - Sweep type(1- Linear,2-
Parabolic,3- Exponential,4- Other).
    short SWEEP_TRACE_NO;//18    [Short Integer]   2   41 - Trace number of sweep
channel.
    short SWEEP_TAPER_LENGTH_START;//19   [Short Integer]   2   43 - Sweep taper
length(Ms) at start.
    short SWEEP_TAPER_LENGTH_END;//20   [Short Integer]   2   45 - Sweep taper length
(Ms) at end.
    short SWEEP_TAPER_TYPE;//21   [Short Integer]   2   47 - Sweep taper type(1-
Linear,2- CosSqr,3- Other).
    short CORRELATED_TRACES;//22   [Short Integer]   2   49 - Correlated traces 1=
No 2= Yes.
    short BINARY_GAIN;//23  [Short Integer]   2   51 - Binary gain recovered 1= Yes
2= No.
    short AMP_RECOVERY_METHOD;//24   [Short Integer]   2   53 - Amplitude recovery
method(1- None,2- SphDivergence,3- AGC,4- Other).
    short UNITS;//25  [Short Integer]   2   55 - Distance units 1= Meters 2= Feet.
    short SIGNAL_POLARITY;//26   [Short Integer]   2   57 - Impulse signal polarity.
    short VIBRATOR_POL_CODE;//27   [Short Integer]   2   59 - Vibrator polarity code.
    char  UNASSIGNED_1[240];        //   240  61
    short SEGY_FORMAT_REVISION_NO;//28   [Short Integer]   2 301 - SEG- Y format
revision number.
    short SEGY_FIXEDLEN_FLAG;//29   [Short Integer]   2 303 - Fixed Length flag.
    short SEGY_NO_TEXTFHEADERS;//30   [Short Integer]   2 305 - Number of 3200- byte
Extended Textual file header records following Binary Header.
    char  UNASSIGNED_2[94];          //94 307
};

struct SEG_Y_TraceHeader   //道头(240字节)
{
    long  TRACE_SEQ_NO;//1[Long Integer]  4   1 - Trace Seq. no. Within Line.
    long  TRACE_SEQ_REEL;//2[Long Integer]  4   5 - Trace Seq. within Reel.
    long  FIELD_RECORD_NO;//3[Long Integer]  4   9 - Original Field record.
    long  CHANNEL_NO;//4[Long Integer]  4   13 - Trace no. Within Original Field
Record.
    long  SHOT_POINT_NO;//5[Long Integer]  4   17 - Energy source point number.
    long  CMP_NO;//6[Long Integer]  4   21 - CMP Ensemble Number.
    long  CMP_SEQ_NO;//7[Long Integer]  4   25 - Sequence no. within CMP.
    short TRACE_ID_CODE;//8[Short Integer]   2   29 - Trace ID Code
```

```c
    short FOLD;//9[Short Integer]    2  31 - FOLD - No. of vertically stacked traces - > This trace.
    short TRACE_HSTACK;//10[Short Integer]    2  33 - No. of horiz. stacked traces.
    short TEST_CODE;//11    [Short Integer]    2  35 - 1- Production, 2- Test.
    long  OFFSET_SH_REC;//12[Long Integer]    4  37 - Distance from shot to recv(May be - ve).
    long  ELEV_REC;//13[Long Integer]    4  41 - Elevation of receiver group.
    long  ELEV_SHOT;//14[Long Integer]    4  45 - Surface elevation of shot.
    long  DEPTH_SHOT;//15[Long Integer]    4  49 - Source depth below surface.
    long  ELEV_FLOATDATUM_RCV;//16[Long Integer]    4  53 - Floating Datum elevation of receiver group.
    long  ELEV_FLOATDATUM_SRC;//17[Long Integer]    4  57 - Floating Datum elevation at source.
    long  WATER_DEPTH_SHOT;//18[Long Integer]    4  61 - Water depth at source.
    long  WATER_DEPTH_REC;//19[Long Integer]    4  65 - Water depth at receiver group.
    short ELEV_DEPTH_SCALER;//20[Short Integer]    2  69 - Scalar to be applied to all elevations and depths.
    short COORD_SCALER;//21[Short Integer]    2  71 - Scalar to be applied to all coordinates.
    long  XSHOT;//22[Long Integer]    4  73 - Shot X Coordinate.
    long  YSHOT;//23[Long Integer]    4  77 - Shot Y Coordinate.
    long  XREC;//24[Long Integer]    4  81 - Receiver group X Coordinate.
    long  YREC;//25[Long Integer]    4  85 - Receiver group Y Coordinate.
    short UNITS;//26[Short Integer]    2  89 - 1- Length, 2- Lat/long, 3- Meters, 4- Feet.
    short VELOCITY_WEATHER;//27[Short Integer]    2  91 - Weathering Velocity.
    short VELOCITY_SUBWEATHER;//28[Short Integer]    2  93 - Sub - Weathering velocity(Replacement Velocity).
    short UPHOLE_SHOT;//29[Short Integer]    2  95 - Uphole time at source.
    short UPHOLE_REC;//30[Short Integer]    2  97 - Uphole time at receiver group.
    short STATIC_SRC;//31[Short Integer]    2  99 - Source static correction.
    short STATIC_REC;//32[Short Integer]    2 101 - Receiver group static correction.
    short STATIC_TOTAL;//33[Short Integer]    2 103 - Total static applied.
    short LAG_TIME_AV;//34[Short Integer]    2 105 - Time in ms.
    short LAG_TIME_B;//35[Short Integer]    2 107 - (Ms) Between initiation of energy and time of recording.
    short DELAY_TIME;//36[Short Integer]    2 109 - Delay recording time(Ms).
    short MUTE_TIME_START;//37[Short Integer]    2 111 - Mute time start.
```

    short MUTE_TIME_END;//38[Short Integer]   2 113 - Mute time end.
    short NSAMPLES;//39[Short Integer]   2 115 - Number of samples for this trace.
    short SAMPLERATE;//40[Short Integer]   2 117 - Sample interval in uS for this trace.
    short GAIN_TYPE;//41[Short Integer]   2 119 - Gain type of field instruments 1- Fixed/2- Binary/3- Float/4- ..Optional.
    short GAIN_CONSTANT;//42[Short Integer]   2 121 - Instrument gain constant.
    short GAIN_INITIAL;//43[Short Integer]   2 123 - Instrument early or initial gain(dB).
    short DATA_CORRELATED;//44[Short Integer]   2 125 - 1= No, 2= Yes.
    short SWEEP_FREQ_START;//45[Short Integer]   2 127 - Sweep frequency at start.
    short SWEEP_FREQ_END;//46[Short Integer]   2 129 - Sweep frequency at end.
    short SWEEP_LENGTH;//47[Short Integer]   2 131 - Sweep length in Ms.
    short SWEEP_TYPE;//48[Short Integer]   2 133 - Sweep Type: 1= Linear, 2= parabolic, 3= exp., 4= other.
    short SWEEP_TAPERLEN_START;//49[Short Integer]   2 135 - Sweep taper length at start in Ms.
    short SWEEP_TAPERLEN_END;//50[Short Integer]   2 137 - Sweep taper length at end in Ms.
    short SWEEP_TAPERTYPE;//51[Short Integer]   2 139 - Taper Type: 1= linear, 2= cos2, 3= other.
    short ALIAS_FILTER_FREQ;//52[Short Integer]   2 141 - Alias filter frequency, if used.
    short ALIAS_FILTER_SLOPE;//53[Short Integer]   2 143 - Alias filter slope.
    short NOTCH_FILTER_FREQ;//54[Short Integer]   2 145 - Notch filter frequency, if used.
    short NOTCH_FILTER_SLOPE;//55[Short Integer]   2 147 - Notch filter slope.
    short LOWCUT_FREQ;//56[Short Integer]   2 149 - Low cut frequency, if used.
    short HIGHCUT_FREQ;//57[Short Integer]   2 151 - High cut frequency, if used.
    short LOWCUT_SLOPE;//58[Short Integer]   2 153 - Low cut slope.
    short HIGHCUT_SLOPE;//59[Short Integer]   2 155 - High cut slope.
    short DATARECORDED_YEAR;//60[Short Integer]   2 157 - Year data recorded.
    short DATARECORDED_DAY;//61[Short Integer]   2 159 - Day of year data recorded.
    short DATARECORDED_HOUR;//62[Short Integer]   2 161 - Hour of day(24 Hour clock).
    short DATARECORDED_MINUTE;//63[Short Integer]   2 163 - Minute of hour data recorded.
    short DATARECORDED_SECOND;//64[Short Integer]   2 165 - Second of Minute data recorded.

```
    short TIME_BASIS_CODE;//65[Short Integer]   2 167 - Time basis code: 1= local, 2
= GMT, 3= other.
    short TRACE_WEIGHTING_FACTOR;//66    [Short Integer]   2 169 - Trace weighting
factor- - defined as 2- N volts....
    short GEOPHONE_GROUP_NUMBER;//67[Short Integer]   2 171 - Geophone group number
of roll switch position one.
    short GEOPHONE_GROUP_FIRSTTRACE;//68[Short Integer]   2 173 - Geophone group
number of first in org. field rec.
    short GEOPHONE_GROUP_LASTTRACE;//69[Short Integer]   2 175 - Geophone group
number of last trace in org. field rec.
    char UNASSIGNED_1[6];// 6 177
    short SHOT_SEQUENCE_NUMBER;//70[Short Integer]   2 183 - From Shot/Trace Seq.
# for Shot Ordered Data.
    long  FIELD_STATION_NUMBER;//71[Long Integer]   4 185 - Field Station Number.
    float USER_1;
    float USER_2;
    float USER_3;
    float USER_4;
    float USER_5;
    float USER_6;
    float USER_7;
    float USER_8;
    long  IN_LINE;//72[Long Integer]   4 221 - In- Line or LINE of data trace.
    long  CROSS_LINE;//73[Long Integer]   4 225 - Cross- Line, TRACE of data trace.
    long  SHOTLINE_NUMBER;//74           4 229 - Shot Line Number.
    long  RECEIVERLINE_NUMBER;    //75            4 233 - Receiver Line Number.
    char  UNASSIGNED_3[4];        //76                    4 237
};

//文件定义
struct SEG_Y_File
{
    char        EBCDHead[3200];    //EBCDIC 文件头
    SEG_Y_  ReelHeader FileHead;    //文件头
    SEG_Y_  TraceHeader * pTraceHead;    //道头指针
    float* pData;    //地震数据指针
};

# pragma pack(pop)
```

第 5 章 地震勘探程序设计与应用案例

```c
bool ReadSegyFile(char * sFilename,SEG_Y_File * pSegyFile)
{
    FILE * fp;
    fp = fopen(sFilename, "rb+ ");
    if(fp = = NULL)
    {
        return false;
    }
    //检查大小,文件最小不小于 3200+ 400+ 240 字节
    fseek(fp,0,SEEK_END);   //定位到结尾
    long nSize = ftell(fp);//文件指针所在位置距离头的大小
    if (nSize< 3200+ sizeof(SEG_Y_ReelHeader)+ sizeof(SEG_Y_TraceHeader))
    {
        return false;
    }
    //回到开头
    rewind(fp);
    //读字符头
    fread(pSegyFile- > EBCDHead,3200,1,fp);

    //读文件头
    fseek(fp,3200,SEEK_SET);   //定位到文件头
    fread(&pSegyFile- > FileHead,sizeof(SEG_Y_ReelHeader),1,fp);

    //读地震道
    //计算有多少道,默认每道的数据长度一样
    int    nOneDataLen = sizeof(float);
    short NSAMPLES = pSegyFile- > FileHead.NSAMPLES;
    //Data Format(1- Float,2- Long,3- Short,4- Fixed point,5- IEEE Float,8- Byte).
    float * pOneFloatTraceData = NULL;
    long  * pOneLongTraceData  = NULL;
    short * pOneShortTraceData = NULL;
    char  * pOneCharTraceData  = NULL;

    if (pSegyFile- > FileHead.FORMAT_CODE = = 1)
    {
        nOneDataLen = sizeof(float);
    }else if (pSegyFile- > FileHead.FORMAT_CODE = = 2)
    {
```

```
        nOneDataLen = sizeof(long);
        pOneLongTraceData = (long * )malloc(sizeof(long)* NSAMPLES);
    }else if (pSegyFile- > FileHead.FORMAT_CODE = = 3)
    {
        nOneDataLen = sizeof(short);
        pOneShortTraceData = (short * )malloc(sizeof(short)* NSAMPLES);
    }else if (pSegyFile- > FileHead.FORMAT_CODE = = 4)
    {
        return false;//不支持
    }else if (pSegyFile- > FileHead.FORMAT_CODE = = 5)
    {
        return false;//不支持
    }else if (pSegyFile- > FileHead.FORMAT_CODE = = 8)
    {
        pOneCharTraceData = (char * )malloc(sizeof(char)* NSAMPLES);
    }

    long nTraceNum = (nSize- 3200- sizeof(SEG_Y_ReelHeader))
        /(sizeof(SEG_Y_TraceHeader)+ nOneDataLen* NSAMPLES);
    pSegyFile- > pTraceHead = NULL;
    pSegyFile- > pTraceHead = (SEG_Y_TraceHeader * )malloc(sizeof(SEG_Y_TraceHeader)* nTraceNum);

    pSegyFile- > pData = NULL;
    pSegyFile- > pData = (float* )malloc(sizeof(float)* nTraceNum* NSAMPLES);

    for (int i= 0;i< nTraceNum;i+ + )
    {
        fread(pSegyFile- > pTraceHead+ i,sizeof(SEG_Y_TraceHeader),1,fp);
        //读数据
        pOneFloatTraceData = pSegyFile- > pData + i* NSAMPLES;
        if (pSegyFile- > FileHead.FORMAT_CODE = = 1)
        {
            fread(pOneFloatTraceData,nOneDataLen* NSAMPLES,1,fp);
        }else if (pSegyFile- > FileHead.FORMAT_CODE = = 2)
        {
            fread(pOneLongTraceData,nOneDataLen* NSAMPLES,1,fp);
            for (int j= 0;j< NSAMPLES;j+ + )
            {
                pOneFloatTraceData[j] = (float)pOneLongTraceData[j];
```

```
            }
        }else if (pSegyFile- > FileHead.FORMAT_CODE = = 3)
        {
            fread(pOneShortTraceData,nOneDataLen* NSAMPLES,1,fp);
            for (int j= 0;j< NSAMPLES;j+ + )
            {
                pOneFloatTraceData[j] = (float)pOneShortTraceData[j];
            }
        }else if (pSegyFile- > FileHead.FORMAT_CODE = = 4)
        {
            nOneDataLen = sizeof(float);
            return false;//不支持
        }else if (pSegyFile- > FileHead.FORMAT_CODE = = 5)
        {
            nOneDataLen = sizeof(float);
            return false;//不支持
        }else if (pSegyFile- > FileHead.FORMAT_CODE = = 8)
        {
            fread(pOneCharTraceData,nOneDataLen* NSAMPLES,1,fp);
            for (int j= 0;j< NSAMPLES;j+ + )
            {
                pOneFloatTraceData[j] = (float)pOneCharTraceData[j];
            }
        }
    }
    pSegyFile- > FileHead.FORMAT_CODE = 1;//数据格式变换为float
    pSegyFile- > FileHead.TRACES_PER_RECORD = nTraceNum;
    fclose(fp);
    return true;
}

bool SaveSegyFile(char * sFilename, SEG_Y_File * pSegyFile)
{
    FILE * fp;
    fp = fopen(sFilename, "wb+ ");
    if(fp = = NULL || pSegyFile = = NULL)
    {
        return false;
    }
    //写 EBCD 码
```

```
    fwrite(pSegyFile- > EBCDHead,3200,1,fp);

    //写文件头
    fwrite(&pSegyFile- > FileHead,sizeof(SEG_Y_ReelHeader),1,fp);
    //分别写道头和数据
    for (long i= 0;i< pSegyFile- > FileHead.TRACES_PER_RECORD;i+ + )
    {
        //写道头
        fwrite(pSegyFile- > pTraceHead+ i,sizeof(SEG_Y_TraceHeader),1,fp);
        //写道数据
    fwrite(pSegyFile- > pData+ i* pSegyFile- > FileHead.NSAMPLES,sizeof(float) *
    pSegyFile- > FileHead.NSAMPLES,1,fp);
    }

    fclose(fp);
    return true;
}

//读取和保存 SEG- Y 地震格式数据
int main() {
    SEG_Y_File segyFile;
    if (ReadSegyFile("d:\\temp\\shot20.sgy",&segyFile))
    {
        SaveSegyFile("d:\\temp\\shot20- new.sgy",&segyFile);
    }
    system("pause");
    return 0;
}
```

(2)利用 MATLAB 软件编程读取、显示和输出地震数据。

编写的程序代码如下：

```
clc
clear all
%% 地震记录读取
fid= fopen('E:\sample1.sgy','rb+ ','ieee- be');% 打开地震数据文件
%% 卷头
head1= fread(fid,3200,'* int8');% Ascii 区
head2= fread(fid,200,'* int16');% 二进制区
n= 60;
%% 道
for i= 1:1:n
```

```
        daohead(:,i)= fread(fid,120,'* int16');% 道头
        d(:,i)= fread(fid,head2(11,1),'* float','ieee- be');% 数据
end
%% 地震记录显示
figure(1);
subplot(1,2,1)
wigb(d,1);
xlabel('道号');
ylabel('时间(ms)');
title('变面积图');
subplot(1,2,2)
imagesc(d);
colormap('gray');% 灰度图
xlabel('道号')
ylabel('时间(ms)');
title('灰度图');
fclose(fid);
%% 地震记录的输出
fid1= fopen('E:\sample0.sgy','w+ ','ieee- be');% 打开一个新文件
fwrite(fid1,head1,'* int8');% Ascii 区
fwrite(fid1,head2,'* int16');% 二进制区
for i= 1:1:n
    fwrite(fid1,daohead(:,i),'* int16');% 道头
    fwrite(fid1,d(:,i),'* float');% 数据
end
fclose(fid1);
```

运行程序后,读取的地震数据分别以变面积图和灰度图的形式进行显示,如图 5.5 所示。

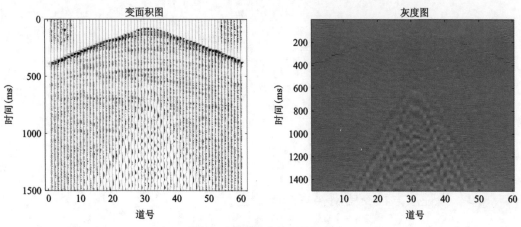

图 5.5 地震单炮记录的显示

输出的地震单炮记录采用软件打开后界面如图 5.6 所示。

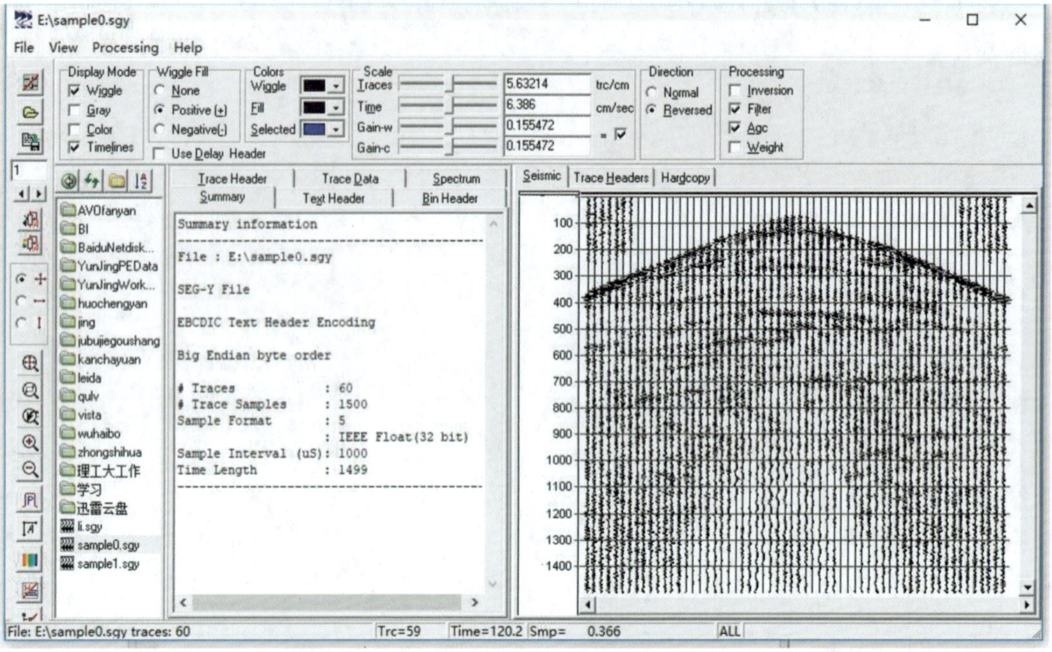

图 5.6 软件界面显示的输出的地震单炮记录

5.3 地震波场正演模拟

本节将介绍如何利用 MATLAB 编程实现二维地震波场的正演数值模拟，包括二维地震波场模拟的基本原理和正演模拟案例两部分。

5.3.1 二维一阶速度-应力方程

二维一阶速度与应力弹性波方程表示为

$$\begin{cases} \rho \dfrac{\partial v_x}{\partial t} = \dfrac{\partial \sigma_{xx}}{\partial x} + \dfrac{\partial \sigma_{xz}}{\partial z} \\ \rho \dfrac{\partial v_z}{\partial t} = \dfrac{\partial \sigma_{xz}}{\partial x} + \dfrac{\partial \sigma_{zz}}{\partial z} \\ \dfrac{\partial \sigma_{xx}}{\partial t} = (\lambda + 2\mu) \dfrac{\partial v_x}{\partial x} + \lambda \dfrac{\partial v_z}{\partial z} \\ \dfrac{\partial \sigma_{zz}}{\partial t} = \lambda \dfrac{\partial v_x}{\partial x} + (\lambda + 2\mu) \dfrac{\partial v_z}{\partial z} \\ \dfrac{\partial \sigma_{xz}}{\partial t} = \mu \dfrac{\partial v_z}{\partial x} + \mu \dfrac{\partial v_x}{\partial z} \end{cases} \quad (5.3)$$

5.3.2 弹性波方程交错网格高阶有限差分

为了方便计算，这里直接给出 2～10 阶弹性波交错网格高阶有限差分系数，如表 5-1 所示。

表 5-1 交错网格差分系数表

精度(阶数)	C1	C2	C3	C4	C5
2	1.0000000E+00				
4	1.1250000E+00	−4.1666667E−02			
6	1.1718750E+00	−6.5104167E−02	4.6875000E−03		
8	1.1962891E+00	−7.9752604E−02	9.5703125E−03	−6.9754464E−04	
10	1.2112427E+00	−8.9721168E−02	1.3842773E−02	−1.7656599E−03	1.1867947E−04

5.3.3 弹性波一阶速度-应力方程的交错网格高阶有限差分格式

对 v_x、v_z、σ_{xx}、σ_{zz}、σ_{xz} 进行离散处理，i、j 分别表示 x、z 方向的网格节点，k 表示时间节点，将差分格式分别代入波动方程中，可以得到式(5.4)，即各向同性介质一阶速度-应力弹性波方程的交错网格差分格式。

$$\begin{cases} v_{x\,i,j}^{k+1/2} = v_{x\,i,j}^{k-1/2} + \dfrac{\mathrm{d}t}{\rho_{i,j}} \left\{ \begin{array}{l} \sum_{n=1}^{3} c_n \left[P_{xx\,i+(2n-1)/2,j}^{k} - P_{xx\,i-(2n-1)/2,j}^{k} \right]/\mathrm{d}x + \\ \sum_{n=1}^{3} c_n \left[P_{xz\,i,j+(2n-1)/2}^{k} - P_{xz\,i,j-2n-1/2}^{k} \right]/\mathrm{d}z \end{array} \right\} \\[2ex] v_{z\,i+1/2,j+1/2}^{k+1/2} = v_{z\,i+1/2,j+1/2}^{k-1/2} + \dfrac{\mathrm{d}t}{\rho_{i+1/2,j+1/2}} \left\{ \begin{array}{l} \sum_{n=1}^{3} c_n \left[P_{xz\,i+n,j+1/2}^{k} - P_{xz\,i-(n-1),j+1/2}^{k} \right]/\mathrm{d}x + \\ \sum_{n=1}^{3} c_n \left[P_{zz\,i+1/2,j+n}^{k} - P_{zz\,i+1/2,j-(n-1)}^{k} \right]/\mathrm{d}z \end{array} \right\} \\[2ex] P_{xx\,i+1/2,j}^{k+1} = P_{xx\,i+1/2,j}^{k+1} + \mathrm{d}t \left\{ \begin{array}{l} (\lambda+2\mu)_{i+1/2,j} \sum_{n=1}^{3} c_n \left[v_{x\,i+n,j}^{k+1/2} - v_{x\,i-(n-1),j}^{k+1/2} \right]/\mathrm{d}x + \lambda_{i+1/2,j} \\ \sum_{n=1}^{3} c_n \left[v_{z\,i+1/2,j+(2n-1)/2}^{k+1/2} - v_{z\,i+1/2,j-(2n-1)/2}^{k+1/2} \right]/\mathrm{d}z \end{array} \right\} \\[2ex] P_{zz\,i+1/2,j}^{k+1} = P_{zz\,i+1/2,j}^{k} + \mathrm{d}t \left\{ \begin{array}{l} (\lambda+2\mu)_{i+1/2,j} \sum_{n=1}^{3} c_n \left[v_{z\,i+1/2,j+(2n-1)/2}^{k+1/2} - v_{z\,i+1/2,j-(2n-1)/2}^{k+1/2} \right]/\mathrm{d}z + \lambda_{i+1/2,j} \\ \sum_{n=1}^{3} c_n \left[v_{x\,i+n,j}^{k+1/2} - v_{x\,i-(2n-1)/2,j}^{k+1/2} \right]/\mathrm{d}x \end{array} \right\} \\[2ex] P_{xz\,i,j+1/2}^{k+1} = P_{xz\,i,j+1/2}^{k} + \mathrm{d}t \left\{ \begin{array}{l} \mu_{i,j+1/2} \sum_{n=1}^{3} c_n (v_{x\,i-(n-1),j}^{k+1/2} - v_{x\,i,j-(n-1)}^{k+1/2})/\mathrm{d}z + \mu_{i,j+1/2} \\ \sum_{n=1}^{3} c_n \left[v_{z\,i+(2n-1)/2,j+1/2}^{k+1/2} - v_{z\,i-(2n-1)/2,j+1/2}^{k+1/2} \right]/\mathrm{d}x \end{array} \right\} \end{cases}$$

(5.4)

式中，$\mathrm{d}x$、$\mathrm{d}z$ 和 $\mathrm{d}t$ 分别表示空间上 x 和 z 方向以及时间上的步长。

5.3.4 完全匹配层条件

对式(5.4)引入完全匹配层吸收边界(PML边界)，则带有衰减因子的PML边界条件系统方程可表示为

$$\begin{cases} \dfrac{\partial \sigma_{xx}^x}{\partial x} = \rho \dfrac{\partial v_x^x}{\partial t} + \rho d_x v_x^x, \dfrac{\partial \sigma_{xz}^z}{\partial z} = \rho \dfrac{\partial v_x^z}{\partial t} + \rho d_z v_x^z \\[4pt] \dfrac{\partial \sigma_{xz}^x}{\partial x} = \rho \dfrac{\partial v_z^x}{\partial t} + \rho d_x v_z^x, \dfrac{\partial \sigma_{zz}^z}{\partial z} = \rho \dfrac{\partial v_z^z}{\partial t} + \rho d_z v_z^z \\[4pt] \dfrac{\partial \sigma_{xx}^x}{\partial t} = c_{11} \dfrac{\partial v_x^x}{\partial x} + d_x \sigma_{xx}^x, \dfrac{\partial \sigma_{xx}^z}{\partial t} = c_{13} \dfrac{\partial v_z^z}{\partial z} + d_z \sigma_{xx}^z \\[4pt] \dfrac{\partial \sigma_{zz}^x}{\partial t} = c_{13} \dfrac{\partial v_x^x}{\partial x} + d_x \sigma_{zz}^x, \dfrac{\partial \sigma_{zz}^z}{\partial t} = c_{33} \dfrac{\partial v_z^z}{\partial z} + d_z \sigma_{zz}^z \\[4pt] \dfrac{\partial \sigma_{xz}^x}{\partial t} = c_{44} \dfrac{\partial v_z^x}{\partial x} + d_x \sigma_{xz}^x, \dfrac{\partial \sigma_{xz}^z}{\partial t} = c_{44} \dfrac{\partial v_x^z}{\partial z} + d_z \sigma_{xz}^z \end{cases} \quad (5.5)$$

其中衰减因子为

$$\begin{cases} d(x) = \log\left(\dfrac{1}{R}\right) \dfrac{3 v_P}{2\delta} \left(\dfrac{x}{\delta}\right)^2 \\[6pt] d(x) = \log\left(\dfrac{1}{R}\right) \dfrac{3 v_P}{2\delta} \left(\dfrac{z}{\delta}\right)^2 \end{cases} \quad (5.6)$$

式中：v_P 为最大纵波速度；δ 为匹配层宽度；R 为理想的边界反射系数（一般取 10^{-6}）。当 $\mathrm{d}x$、$\mathrm{d}z$ 不等于 0 时表示衰减，等于 0 时表示不衰减。

在数值模拟中，创建完全匹配层吸收边界的方法是在计算区域四周加入匹配层，如图 5.7 所示。图中左右两侧匹配层 2、4 区域中在 x 方向衰减，在 z 方向不衰减，表示为 $d_x \neq 0, d_z = 0$；上下匹配层 1、3 区域中在 z 方向衰减，x 方向不衰减，表示为 $d_x = 0, d_z \neq 0$；四周角点 6、7、8、9 区域内在 x 方向和 z 方向都衰减，表示为 $d_x \neq 0, d_z \neq 0$。

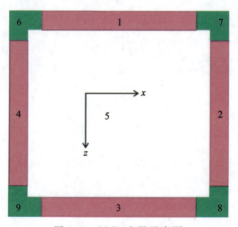

图 5.7 PML 边界示意图

例 5.5 采用 MATLAB 软件编程计算地震波场，速度模型采用 200×200 的网格，吸收层网格取 50×50，网格间距为 5m，时间采样率为 0.000 5s，单个界面深度为 500m，$v_{P1} = 2500\mathrm{m/s}$，$v_{P2} = 3500\mathrm{m/s}$。

首先，编写地震波场交错网格有限差分正演函数，代码如下：

```matlab
function[record1,record2]= elastic_wave_forward(dims,Vp,f)
Nx= dims.Nx;
Nz= dims.Nz;
dt= dims.dt;
m= dims.m;
n= dims.n;
pml= dims.pml;
dz= dims.dz;dx= dims.dx;
rho= dims.rho;
Vp= Vp;
Vs = Vp/1.732;
% % ricker wavelet
t= - 0.02:dt:0.02;
A= 1;
wave= A* (1- 2* (pi* f* t).^2).* exp(- (pi* f* t).^2);
wave= [0 0 wave];
T = 0.5;
wave(round(T/dt))= 0;
Vmax= max(max(Vp));    % the max longitudinal wave velocity
R2(1:n,1:m) = rho(1:n,1:m).* (Vp(1:n,1:m).^2)- 2* rho(1:n,1:m).* (Vs(1:n,1:m).^2);
R1(1:n,1:m) = rho(1:n,1:m).* (Vs(1:n,1:m).^2);
D(1:n,1:m)  = R2(1:n,1:m)+ 2* R1(1:n,1:m);
% * * * * * * * * * * * * * * * * * * * * * * * pml condition * * * * * * * * * * * * * * * * * * * * * *
R= 1e- 6;
ddx= zeros(n,m); ddz= zeros(n,m);
plx= pml* dx;plz= pml* dz;
  for i= 1:n
    for k= 1:m
      % 顶点
      if i> = 1 && i< = pml && k> = 1 && k< = pml
          x= pml- k;z= pml- i;
          ddx(i,k)= - 1.5* log(R)* Vmax* x^2/(plx^2);
          ddz(i,k)= - 1.5* log(R)* Vmax* z^2/(plz^2);
      elseif i> = 1 && i< = pml && k> m- pml && k< = m
          x= k- (m- pml);z= pml- i;
          ddx(i,k)= - 1.5* log(R)* Vmax* x^2/(plx^2);
          ddz(i,k)= - 1.5* log(R)* Vmax* z^2/(plz^2);
      elseif i> n- pml && i< = n && k> = 1 && k< = pml
```

```
                x= pml- k;z= i- (n- pml);
                ddx(i,k)= - 1.5* log(R)* Vmax* x^2/(plx^2);
                ddz(i,k)= - 1.5* log(R)* Vmax* z^2/(plz^2);
            elseif i> n- pml && i< = n && k> m- pml && k< = m
                x= k- (m- pml);z= i- (n- pml);
                ddx(i,k)= - 1.5* log(R)* Vmax* x^2/(plx^2);
                ddz(i,k)= - 1.5* log(R)* Vmax* z^2/(plz^2);
            % 上下面
            elseif i< = pml && k> pml && k< m- pml+ 1
                x= 0;z= pml- i;
                ddx(i,k)= 0;ddz(i,k)= - 1.5* log(R)* Vmax* z^2/(plz^2);
            elseif i> n- pml && i< = n && k> pml && k< = m- pml
                x= 0;z= i- (n- pml);
                ddx(i,k)= 0;ddz(i,k)= - 1.5* log(R)* Vmax* z^2/(plz^2);
            % 左右面
            elseif i> pml && i< = n- pml && k< = pml
                x= pml- k;z= 0;
                ddx(i,k)= - 1.5* log(R)* Vmax* x^2/(plx^2);
                ddz(i,k)= 0;
            elseif i> pml && i< = n- pml && k> m- pml && k< = m
                x= k- (m- pml);z= 0;
                ddx(i,k)= - 1.5* log(R)* Vmax* x^2/(plx^2);
                ddz(i,k)= 0;
            end
        end
end
z= dims.z;                    % 震源垂向位置
x= dims.x;                    % 震源水平位置
shotnumber= length(x);        % 震源个数
rz= dims.rz;
rx = dims.rx;
nt = round(T/dt);
record = zeros(nt,length(rx),shotnumber);
%%* * * * * * * * * * * * 时间循环 * * * * * * * * * * * * %%
tic
for ii = 1:shotnumber
    x = x(ii); z= z(ii);
    disp (['Start ' num2str (ii) ' shot forward calculation, total ' num2str (shotnumber) 'shot']);
    Pz= zeros(Nz,Nx);Px= zeros(Nz,Nx);
```

```
pxx= zeros(n,m); pzz= zeros(n,m);pxz= zeros(n,m);
Vx= zeros(n,m); Vz= zeros(n,m);
pxx1= zeros(n,m); pzz1= zeros(n,m);pxz1= zeros(n,m);
Vx1= zeros(n,m); Vz1= zeros(n,m);
pxx2= zeros(n,m); pzz2= zeros(n,m);pxz2= zeros(n,m);
Vx2= zeros(n,m); Vz2= zeros(n,m);
Seis1 = zeros(ceil(T/dt),Nx);
Seis2 = zeros(ceil(T/dt),Nx);
left = 0;right = 0;down = 0;radius = 0;
for it= 1:nt
    t = it* dt;
    for k = 4:m- 4;
        for i = 4:n- 4;
Vz1(i,k)= ((1- 0.5* dt* ddz(i,k)).* Vz1(i,k)+ dt* ((pzz(i+ 1,k)- pzz(i,k)).*
1.171875- (pzz(i+ 2,k)- pzz(i- 1,k)).* 0.065104166666667...
+ (pzz(i+ 3,k)- pzz(i- 2,k)).* 0.0046875)./rho(i,k)./dz)./(1+ 0.5* dt* ddz(i,k));
Vz2(i,k)= ((1- 0.5* dt* ddx(i,k)).* Vz2(i,k)+ dt* ((pxz(i,k)- pxz(i,k- 1)).*
1.171875- (pxz(i,k+ 1)- pxz(i,k- 2)).* 0.065104166666667...
+ (pxz(i,k+ 2)- pxz(i,k- 3)).* 0.0046875)./rho(i,k)./dx)./(1+ 0.5* dt* ddx(i,k));
Vz(i,k) = Vz1(i,k)+ Vz2(i,k);
Vx1(i,k)= ((1- 0.5* dt* ddx(i,k)).* Vx1(i,k)+ dt* ((pxx(i,k+ 1)- pxx(i,k)).*
1.171875- (pxx(i,k+ 2)- pxx(i,k- 1))* 0.065104166666667...
+ (pxx(i,k+ 3)- pxx(i,k- 2)).* 0.0046875)./rho(i,k)./dx)./(1+ 0.5* dt* ddx(i,k));
Vx2(i,k)= ((1- 0.5* dt* ddz(i,k)).* Vx2(i,k)+ dt* ((pxz(i,k)- pxz(i- 1,k)).*
1.171875- (pxz(i+ 1,k)- pxz(i- 2,k))* 0.065104166666667...
+ (pxz(i+ 2,k)- pxz(i- 3,k)).* 0.0046875)./rho(i,k)./dz)./(1+ 0.5* dt* ddz(i,k));
        Vx(i,k) = Vx1(i,k)+ Vx2(i,k);
         end
    end
    Vz(z,x) = Vz(z,x) + wave(it);
    Vx(z,x) = Vx(z,x) + wave(it);
    for k = 4:m- 4;
        for i = 4:n- 4;
pzz1(i,k)= ((1- 0.5* dt* ddz(i,k)).* pzz1(i,k)+ D(i,k).* dt.* ((Vz(i,k)- Vz(i- 1,
k)).* 1.171875- (Vz(i+ 1,k)- Vz(i- 2,k)).* 0.065104166666667...
+ (Vz(i+ 2,k)- Vz(i- 3,k)).* 0.0046875)./dz)./(1+ 0.5* dt* ddz(i,k));
pzz2(i,k)= ((1- 0.5* dt* ddx(i,k)).* pzz2(i,k)+ R2(i,k).* dt.* ((Vx(i,k)- Vx(i,k
- 1)).* 1.171875- (Vx(i,k+ 1)- Vx(i,k- 2)).* 0.065104166666667...
+ (Vx(i,k+ 2)- Vx(i,k- 3)).* 0.0046875)./dx)./(1+ 0.5* dt* ddx(i,k));
        pzz(i,k) = pzz1(i,k) + pzz2(i,k);
```

```
pxx1(i,k)= ((1- 0.5* dt* ddx(i,k)).* pxx1(i,k)+ D(i,k).* dt.* ((Vx(i,k)- Vx(i,k-
1)).* 1.171875- (Vx(i,k+ 1)- Vx(i,k- 2)).* 0.065104166666667...
+ (Vx(i,k+ 2)- Vx(i,k- 3)).* 0.0046875)./dx)./(1+ 0.5* dt* ddx(i,k));
pxx2(i,k)= ((1- 0.5* dt* ddz(i,k)).* pxx2(i,k)+ R2(i,k).* dt.* ((Vz(i,k)- Vz(i-
1,k)).* 1.171875- (Vz(i+ 1,k)- Vz(i- 2,k)).* 0.065104166666667...
+ (Vz(i+ 2,k)- Vz(i- 3,k)).* 0.0046875)./dz)./(1+ 0.5* dt* ddz(i,k));
            pxx(i,k) = pxx1(i,k)+ pxx2(i,k);
pxz1(i,k)= ((1- 0.5* dt* ddx(i,k)).* pxz1(i,k)+ R1(i,k).* dt.* ((Vz(i,k+ 1)- Vz
(i,k)).* 1.171875- (Vz(i,k+ 2)- Vz(i,k- 1)).* 0.065104166666667...
+ (Vz(i,k+ 3)- Vz(i,k- 2)).* 0.0046875)./dx)./(1+ 0.5* dt* ddx(i,k));
pxz2(i,k)= ((1- 0.5* dt* ddz(i,k)).* pxz2(i,k)+ R1(i,k).* dt.* ((Vx(i+ 1,k)- Vx
(i,k)).* 1.171875- (Vx(i+ 2,k)- Vx(i- 1,k)).* 0.065104166666667...
+ (Vx(i+ 3,k)- Vx(i- 2,k)).* 0.0046875)./dz)./(1+ 0.5* dt* ddz(i,k));
            pxz(i,k) = pxz1(i,k)+ pxz2(i,k);
          end
        end
        Pz(1:n- 2* pml,1:m- 2* pml) = Vz(1+ pml:n- pml,1+ pml:m- pml);
        Px(1:n- 2* pml,1:m- 2* pml) = Vx(1+ pml:n- pml,1+ pml:m- pml);
        % 波场记录
        record1(it,:,ii) = Vz(rz,rx);
        record2(it,:,ii) = Vx(rz,rx);
        if rem(it,500)= = 1
            disp(['t= ' num2str(t) ]);
        end
      end
end
toc
```

然后,编写程序调用正演函数,代码如下:

```
%%* * * * * * * * * * * * * * * * * Elastic wave forward pragram * * * * * * *
* * * * * * * * * * * %%
clear all; close all;
clc
dims.Nx= 200;
dims.Nz= 200;
dims.dz= 5;
dims.dx= 5;
dims.pml= 50;
dims.dt= 0.0005;
dims.m= dims.Nx+ 2* dims.pml;
dims.n= dims.Nz+ 2* dims.pml;
```

```
Vp= 3500* ones(dims.m,dims.n);
Vp(1:100,:)= 2500;
%% 震源位置
dims.z= dims.pml+ 1;
dims.x= dims.pml+ 100;
%% 检波器位置
dims.rz =  dims.pml + 1;
dims.rx =  dims.pml+ 1:dims.pml+ dims.Nx;
f= 30;
dims.rho= 2000* ones(size(Vp,1),size(Vp,2));
[record1,record2]= elastic_wave_forward(dims,Vp,f);

figure
pic1 =  record1(:,:,1);
subplot(2,1,1);wigb(pic1);title('z 分量');
xlabel('道号');ylabel('时间(ms)');
%% x 分量
pic2=  record2(:,:,1);
subplot(2,1,2);wigb(pic2);title('x 分量');
xlabel('道号');ylabel('时间(ms)');
```

最后,运行程序,计算模拟得到的地震单炮记录如图 5.8 所示。

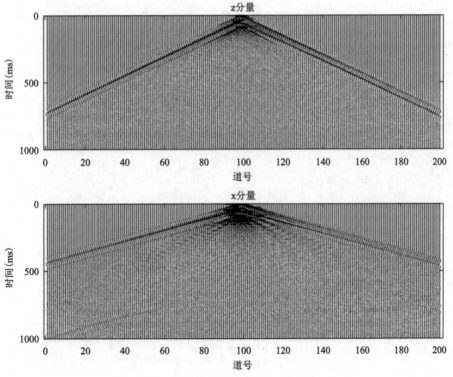

图 5.8　地震单炮记录的 z、x 分量

5.4 地震数据的分析

5.4.1 地震记录的频谱

计算地震数据的频谱时,数据为离散格式,通常采用快速傅里叶正变换(FFT)和逆变换(IFFT)实现;在地震数据处理与分析中,通过将时间域的地震信号变换到频率域,可进行地震数据的滤波、频谱分解处理等操作。

例 5.6　分别采用 C 语言和 MATLAB 软件编程计算单道地震数据的频谱。

(1)采用 C 语言编写程序实现地震数据的频谱计算。

编写的程序代码如下:

```
# pragma once
# pragma pack(push)
# pragma pack(1)

//* .h 中定义
/* 定义复数类型* /
typedef struct
{
    float real;
    float img;
}complex;
//复数加法的定义
void complex_add(complex a,complex b,complex * c);
//复数乘法的定义
void complex_mul(complex a,complex b,complex * c);
//复数减法的定义
void complex_sub(complex a,complex b,complex * c);
//复数的模
float complex_mod(complex a);
//复数的相位
float complex_angle(complex a);
// Calculates log2 of number.
float log2( float n );
//判断 nInNum,转化为 2 的次幂
unsigned int get2num(unsigned int nInNum);
//!
//! \brief 复数 fft           /* 快速傅里叶变换* /
```

```cpp
bool cfft(complex* pInData,unsigned int nInNum,complex* pOutData,unsigned int
&nOutNum);

//! \brief 实数 fft
bool rfft(float* pInData,unsigned int nInNum,complex* pOutData,unsigned int
&nOutNum);

//! 逆变换
bool ifft(complex* pInData,unsigned int nInNum,complex* pOutData);

//频谱和相位谱
bool FreqAnalysis(float * pTD,unsigned int nTN,float fDT,float * pFD,unsigned int
&nFN,float &fDF,float * pFDeg= NULL);

//* .cpp 中函数实现
void complex_add(complex a,complex b,complex * c)    //复数加法的定义
{
    c-> real= a.real+ b.real;
    c-> img= a.img+ b.img;
}

void complex_mul(complex a,complex b,complex * c)    //复数乘法的定义
{
    c-> real= a.real* b.real - a.img* b.img;
    c-> img= a.real* b.img + a.img* b.real;
}

void complex_sub(complex a,complex b,complex * c)    //复数减法的定义
{
    c-> real= a.real- b.real;
    c-> img= a.img- b.img;
}

//复数的模
float complex_mod(complex a)
{
    return sqrt(a.real* a.real+ a.img* a.img);
}

//复数的相位
float complex_angle(complex a)
```

```
{
    return atan(a.real/a.img);
}

// Calculates log2 of number.
float log2( float n )
{
    // log(n)/log(2) is log2.
    return log( n ) / log( 2.0f );
}

//判断 nInNum,转化为 2 的次幂
unsigned int get2num(unsigned int nInNum)
{
    unsigned int size_x = nInNum;
    if(log2(nInNum)- (int)log2(nInNum) != 0)
    {
        size_x = (unsigned int)pow(2.0f,(int)(log2(nInNum)+ 1));
    }
    return size_x;
}

//!
//! \brief fft         /* 快速傅里叶变换*/
//! \param pInData 输入数据
//! \param nInNum 输入数据的大小
//! \param pOutData 输出数据,在外面已经申请好空间
//! \param nOutNum 实际输出的数据大小
//! \return
//!
bool cfft (complex* pInData,unsigned int nInNum,complex* pOutData,unsigned int &nOutNum)
{
    unsigned int i= 0,j= 0,k= 0,l= 0,size_x;
    float PI= atan(1.0f)* 4,t;
    complex up,down,product,temp;

    if(nInNum<= 0 || pInData == nullptr) return false;
    //判断 nInNum,转化为 2 的次幂
    size_x = nInNum;
```

```c
if(log2(nInNum)-(int)log2(nInNum)!=0)
{
    size_x= (unsigned int)pow(2.0f,(int)(log2(nInNum)+1));
}
//申请实际转换值的大小,后面补 0
complex * x=(complex * )malloc(sizeof(complex) * size_x);
memset(x,0,sizeof (complex)* size_x);
//将值复制过来
memcpy(x,pInData,sizeof(complex) * nInNum);


///* 初始化变换核,定义一个变换核,相当于旋转因子 WAP*/
complex * W=(complex * )malloc(sizeof(complex) * size_x);   //生成变换核
memset(W,0,sizeof (complex)* size_x);
for(i=0;i< size_x;i++)
{
    W[i].real= cos(2* PI/size_x* i);    //用欧拉公式计算旋转因子
    W[i].img= -1* sin(2* PI/size_x* i);
}


//调用变址函数
///* 变址计算,将 x(n)的码位倒置*/
for(i=0;i< size_x;i++)
{
    k=i;j=0;
    t=(log2(size_x)/log2(2));
        while((t--)>0)      //利用按位与以及循环实现码位倒置
        {
            j= j<< 1;
            j|= (k & 1);
            k= k>> 1;
        }
        if(j> i)    //将 x(n)的码位互换
        {
            temp= x[i];
            x[i]= x[j];
            x[j]= temp;
        }
}
```

```
for(i= 0;i< log2(size_x)/log2(2) ;i+ + )           /* 一级蝶形运算 stage */
{
    l= 1< < i;
    for(j= 0;j< size_x;j+ = 2.0f* l) ///* 一组蝶形运算 group,每个 group 的蝶形因子乘数不同*/
    {
        for(k= 0;k< l;k+ + )//* 一个蝶形运算,每个 group 内的蝶形运算*/
        {
            complex_mul(x[j+ k+ l],W[size_x* k/2/l],&product);
            complex_add(x[j+ k],product,&up);
            complex_sub(x[j+ k],product,&down);
            x[j+ k]= up;
            x[j+ k+ l]= down;
        }
    }
}
if(nOutNum> size_x)//nOutNum 如果小
{
    nOutNum = size_x;
}
    memcpy(pOutData,x,sizeof(complex) * nOutNum);
    free(x);
    free(W);
    return 1;
}
//!
//! \brief rfft 实数傅里叶变换
//! \param pInData
//! \param nInNum
//! \param pOutData
//! \param nOutNum
//! \return
//!

bool rfft(float * pInData, unsigned int nInNum, complex * pOutData, unsigned int &nOutNum)
{
    //将实数转换为复数
    complex * cx= (complex * )malloc(sizeof(complex) * nInNum);
    for(unsigned int i= 0;i< nInNum;i+ + )
```

```
        {
            cx[i].real = pInData[i];
            cx[i].img  = 0;
        }

        bool bResult = cfft(cx,nInNum,pOutData,nOutNum);
        free(cx);
        return bResult;
    }

    //! x(n)= IFFT[x(k)]= 1/N* {FFT[x* (k)]}* ,共轭后作傅里叶变换后再共轭,再除以 N
    //! \brief ifft
    //! \param pInData 输入复数
    //! \param nInNum 输入复数的大小
    //! \param pOutData 输出复数,空间在外面已经申请好,大小为 nInNum
    //! \return
    //!
    bool ifft(complex* pInData,unsigned int nInNum,complex* pOutData)
    {
        if(nInNum< = 0 || pInData = = nullptr) return false;

        //先共轭
        for(unsigned int i= 0;i< nInNum;i+ + )
        {
            pInData[i].img = - pInData[i].img;
        }

        //cfft
        cfft(pInData,nInNum,pOutData,nInNum);

        //再除以 N
        for(unsigned int i= 0;i< nInNum;i+ + )
        {
            pOutData[i].real =  pOutData[i].real/nInNum;
            pOutData[i].img  = - pOutData[i].img /nInNum;
        }
        return  true;
    }
    //* * 对实数序列计算频谱和相位谱
    //* pTD 输入时域数据,nTN 数据量,fDT 时间间隔(单位为 s)
```

```
//* pFD 输出频域振幅数据,nFN 数据量,在外部申请好,fDF 频率间隔
//* pFDeg 输出频域相位数据,在外部申请好
//
bool FreqAnalysis(float * pTD,unsigned int nTN,float fDT,float * pFD,unsigned int
&nFN,float &fDF,float * pFDeg)
{
    if (! pTD|| nTN< = 0||fDT< = 0||! pFD)
    {
        return false;
    }
    //nTN 转化为 2 的次幂
    unsigned int nTrN = get2num(nTN);//实际计算的数据量
    unsigned int nFrN = nTrN/2;//默认取一半

    complex *  pOutC = new complex[nFrN];
    if (! rfft(pTD,nTN,pOutC,nFrN))
    {
        delete [] pOutC;
        return false;
    }
    //频率间隔
    fDF = 1.0f/(fDT* nTrN);

    //如果外部的数据空间大于实际计算的,只能输出实际计算量
    if (nFN> nFrN)
    {
        nFN = nFrN;
    }
    //计算振幅谱和相位谱
    for (int i= 0;i< nFN;i+ + )
    {
        pFD[i] = complex_mod(pOutC[i]);
        if (pFDeg)//相位谱输出
        {
            pFDeg[i] = complex_angle(pOutC[i]);
        }
    }
    delete [] pOutC;
    return true;
}
```

(2)采用 MATLAB 软件编写程序读取例 5.4 中的地震单炮数据,实现地震数据的频谱计算。

编写的程序代码如下:

```
clc
clear all
%% 地震记录读取
fid= fopen('E:\sample1.sgy','rb+ ','ieee- be');% 打开地震数据文件
%% 卷头
head1= fread(fid,3200,'* int8');% Ascii 区
head2= fread(fid,200,'* int16');% 二进制区
n= 60;
%% 道
for i= 1:1:n
    daohead(:,i)= fread(fid,120,'* int16');% 道头
    d(:,i)= fread(fid,head2(11,1),'* float','ieee- be');% 数据
end
%% 地震记录频谱
N= 2* double(head2(11,1));% 采样点数
Y1= fft(d(:,1),N);% 快速傅里叶变换
Pyy1= Y1(1:N/2+ 1);% F(k)(k= 1:N/2+ 1)
Y31= fft(d(:,31),N);% 快速傅里叶变换
Pyy31= Y31(1:N/2+ 1);% F(k)(k= 1:N/2+ 1)
dt= double(head2(9,1))/1e6;% 采样周期
fmax= 1/dt;% 最高采样频率
f= fmax.* (0:N/2)./N;% 频率轴 f 从零开始
figure(1);
plot(f,abs(Pyy1),'r- ',f,abs(Pyy31),'b- - ');
xlabel('{\itf} (Hz)');
ylabel('{\itA}');
legend('第 1 道','第 31 道');
xlim([0,300]);
```

运行程序后,得到地震单炮记录中第 1 道和第 31 道的频谱如图 5.9 所示。

5.4.2 地震道集的速度分析

依据几何地震学原理,通过计算地震道集的速度谱,分析得到反射地震波的正常时差与动校正速度,从而为地震数据处理提供重要的速度参数信息。本节介绍地震速度谱的制作方法。

例 5.7 采用 MATLAB 软件编写程序读取地震 CRP 道集,并计算其速度谱。

编写的程序代码如下:

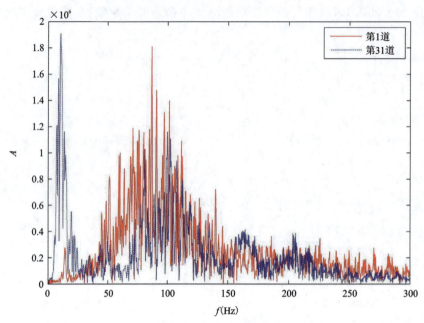

图 5.9 地震单炮记录中第 1 道和第 31 道的频谱

```
clc
clear
%% 地震记录读取
fid= fopen('E:\CRP1.sgy','rb+ ','ieee- be');% 打开地震数据文件
%% 卷头
head1= fread(fid,3200,'* int8');% Ascii 区
head2= fread(fid,200,'* int16');% 二进制区
n= 82;
%% 道
for i= 1:1:n
    daohead(:,i)= fread(fid,60,'* int32');% 道头
    d(:,i)= fread(fid,head2(11,1),'* float','ieee- be');% 数据
    off(:,i)= sqrt(double(((daohead(22,i)- daohead(20,i))^2+ (daohead(21,i)- daohead(19,i))^2)));
end
%% 计算速度谱
for Vst= 1000:10:5000
for j= 1:1:double(head2(11,1))
    tem= 0;
    tem1= 0;
    for i= 1:n
    t(j,i)= round(sqrt(j.^2+ (1000* off(1,i)./Vst)^2));
    if t(j,i)< 1000
```

```
            tem= tem+ d(t(j,i),i);
            tem1= tem1+ abs(d(t(j,i),i));
        else
            continue
        end
    end
    s(Vst,j)= tem;
    s1(Vst,j)= tem1;
end
end
NS= abs(s)./s1;
figure(1)
subplot(1,2,1)
wigb(d,1);
xlabel('道号');
ylabel('时间 (ms)');
title('CRP 道集');
subplot(1,2,2)
imagesc(1000:10:5000,1:1:double(head2(11,1)),NS(1000:10:5000,1:1:double(head2(11,1)))')
set(gca,'ydir','reverse');
xlabel('速度 (m/s)');
ylabel('时间 (ms)');
```

运行程序,得到地震 CRP 道集及其速度谱如图 5.10 所示。

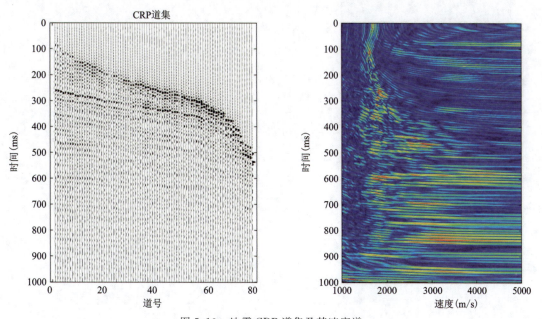

图 5.10　地震 CRP 道集及其速度谱

5.5 地震数据的处理

地震数据处理是连接地震数据采集与地震数据解释的纽带,是将野外采集的原始地震数据转换成用于地震以及地质解释的三维数据体或二维剖面的关键工作,是地震勘探的三大主要部分之一。本节以地震数据的滤波为例简单介绍地震数据处理中的程序设计。

5.5.1 一维频域滤波

地震数据的频域滤波是通过快速傅里叶正变换(FFT)将地震道信号转换到频率域,利用滤波窗函数在频率域压制干扰信号,并通过傅里叶逆变换(FFT)将滤波后的频率域信号变换到时间域的一种滤波方法。

例 5.8 分别采用 C 语言和 MATLAB 软件编程进行地震数据的一维滤波处理。

(1)采用 C 语言编程实现地震单炮记录的一维时间域 FIR 低通滤波处理。

编写的程序代码如下:

```
//* .h中定义
//
# include < math.h>
# define    PI (3.14159265358979323846264338327950288841971)
//
int max(int a,int b);
int min(int a, int b);


//贝塞尔函数
float bessel0(float x);


//凯塞窗的计算
float kaiser(int i , int n, float beta);


//窗函数
float window(int type, int n, int i, float beta);


//fir滤波
void firwin(int n, int band, float fln, float fhn, int wn, float h[]);


//卷积
void conv(float * data_1,float * data_2, int length_1, int length_2, float * target);
```

```cpp
void FirLowpassFilterInit(int nFs,float fF0,int nOrder,float * fFilter);

//低通
void FirLowpass( float*  pOri,int nN,float * fFilter,int nOrder,float*  pOut);

//* .cpp中实现

int max(int a,int b)
{
    return a> b ? a:b;
}

int min(int a, int b)
{
    return a< b ? a:b;
}

void conv(float * data_1,float * data_2, int length_1, int length_2, float * target)
{
    int i,j;
    int length =  length_1 +  length_2 -  1;

    memset(target,0,sizeof(float)* length);

    //卷积核心算法
    for(i= 0; i< length; i+ + )
    {
        for(j= max(0, i+ 1- length_2); j< = min(i, length_1- 1); j+ + )
            target[i] + =  data_1[j] *  data_2[i- j];
    }
}

void conv(float * data_1,int * data_2, int length_1, int length_2, int * target)
{
    int i,j;
    int length =  length_1 +  length_2 -  1;

    memset(target,0,sizeof(int)* length);

    //卷积核心算法
```

```
        float fTem= 0;
        for(i= 0; i< length; i++)
        {
            fTem = 0;
            for(j= max(0, i+ 1- length_2); j< = min(i, length_1- 1); j++)
            {
                fTem + = data_1[j] * data_2[i- j];
            }

            target[i] = (int)(fTem+ 0.5);
        }
    }

    float bessel0(float x)
    {
        int i;
        float d,y,d2,sum;
        y = x / 2.0;
        d = 1.0;
        sum = 1.0;
        for(i = 1; i < = 25; i++)
        {
            d = d * y / i;
            d2 = d * d;
            sum = sum + d2;
            if(d2 < sum * 0.00000001)
                break;
        }
        return sum;
    }

    float kaiser(int i , int n, float beta)
    {
        float a, w, a2, b1 ,b2, beta1;
        b1 = bessel0(beta);
        a = 2.0 * i / (float)(n - 1) - 1.0;
        a2 = a * a;
        beta1 = beta * sqrt(1.0 - a2);
        b2 = bessel0(beta1);
        w = b2 / b1;
```

```c
        return w;
}

float window(int type, int n, int i, float beta)
{
    int k;
    float pi, w;
    pi = 4.0 * atan(1.0);
    w = 1.0;
    switch(type)
    {
        case 1:
        {
            w = 1.0;
            break;
        }
        case 2:
        {
            k = (n - 2) / 10;
            if(i <= k)
                w = 0.5 * (1.0 - cos(i * pi / (k + 1)));
            if(i > n - k - 2)
                w = 0.5 * (1.0 - cos((n- i- 1)* pi/(k+ 1)));
            break;
        }
        case 3:
        {
            w = 1.0 * fabs(1.0 - 2 * i / (n - 1.0));
            break;
        }
        case 4:
        {
            w = 0.5 * (1.0 - cos(2 * i * pi / (n - 1)));
            break;
        }
        case 5:
        {
            w = 0.54 - 0.46 * cos(2 * i * pi / (n - 1));
            break;
        }
```

```
            case 6:
            {
                w = 0.42 - 0.5 * cos(2 * i * pi / (n - 1)) + 0.08 * cos(4 * i * pi / (n - 1));
                break;
            }
            case 7:
            {
                w = kaiser(i,n,beta);
                break;
            }
        }
        return w;
    }
```

/*
 * n——整型变量。滤波器的阶数。
   band——整型变量。滤波器的类型,取值 1、2、3 和 4,分别对应低通、高通、带通和带阻滤波器。
   fln——双精度实型变量。
   fhn——双精度实型变量。
        对于低通和高通滤波器,fln:通带边界频率;
        对于带通和带阻滤波器,fIn:通带下边界频率,fhn:通带上边界频率
   wn——整型变量。窗函数的类型,取值 1 到 7,分别对应矩形窗、图基窗、三角窗、汉宁窗、海明窗、布拉克曼窗和凯塞窗。
   h——双精度实型一维数组,长度为(n+ 1),存放 FIR 滤波器的系数。
   函数 firwin()调用以下函数:子函数 window(),窗函数的计算。子函数 Kaiser(),凯塞窗的计算。子函数 bessel0(),贝塞尔函数的计算。
 * /

```
void firwin(int n, int band, float fln, float fhn, int wn, float h[])
{
    int i,n2, mid;
    float s,pi,wc1,wc2,beta,delay;
    beta = 0.0;
    pi = 4.0 * atan(1.0);
    if((n% 2) = = 0)
    {
        n2 = n / 2 - 1;
        mid = 1;
```

```
    }
    else
    {
        n2 = n / 2;
        mid = 0;
    }
    delay = n / 2.0;
    wc1 = pi * fln;
    if(band > = 3)
        wc2 = 2.0 * pi * fhn;
    switch(band)
    {
        case 1:
        {
            for(int i = 0; i < = n2; i+ + )
            {
                s = i - delay;
                h[i] = (sin(wc1 * s) / (pi * s)) * window(wn, n + 1,i, beta);
                h[n- i]= h[i];
            }
            if(mid = = 1)
                h[n / 2] = wc1 / pi;
            break;
        }
        case 2:
        {
            for(i = 0; i < = n2; i+ + )
            {
                s = i - delay;
                h[i] = (sin(pi * s) - sin(wc1 * s)) / (pi * s);
                h[i] = h[i] * window(wn, n + 1, i, beta);
                h[i - i] = h[i];
            }
            if(mid = = 1)
                h[n / 2] = 1.0 - wc1 / pi;
            break;
        }
        case 3:
        {
```

```
            for(i = 0; i < = n2; i+ + )
            {
                s = i - delay;
                h[i] = (sin(wc2 * s) - sin(wc1 * s)) / (pi * s);
                h[i] = h[i] * window(wn, n+ 1,i, beta);
                h[i - i] = h[i];
            }
            if(mid = = 1)
                h[n / 2] = (wc2 - wc1)/ pi;
            break;
        }
        case 4:
        {
            for(i = 0; i < n2; i+ + )
            {
                s = i - delay;
                h[i] = (sin(wc1 * s) + sin(pi * s) - sin(wc2 * s))/ (pi * s);
                h[i] = h[i] * window(wn, n + 1, i, beta);
                h[n - i] = h[i];
            }
            if(mid = = 1)
                h[n / 2] = (wc1 + pi - wc2) / pi;
            break;
        }
    }
}


//
void FirLowpassFilterInit(int nFs,float fF0,int nOrder,float * fFilter)
{
    //fFilter 在外部申请好,大小为 nOrder+ 1
    float nWn = 2.0* fF0/(nFs);//Wn = 2* f/Fs;
    firwin(nOrder, 1, nWn, nWn, 4, fFilter);//1 低通,4 汉宁窗
}


//低通
void FirLowpass( float* pOri,int nN,float * fFilter,int nOrder,float* pOut)
{
    //pOut 在外部申请好,大小为 nN+ nOrder
```

```
        conv(fFilter,pOri,nOrder+ 1,nN,pOut);
        memcpy(pOut,pOut+ nOrder/2,sizeof(float)* nN);
}
```

（2）采用 MATLAB 软件编程实现例 5.4 的地震单炮记录的一维频域滤波,并对比滤波前后的地震单炮记录特征。

编写的程序代码如下：

```
clc
clear all
% % 地震记录读取
fid= fopen('E:\sample1.sgy','rb+ ','ieee- be');% 打开地震数据文件
% % 卷头
head1= fread(fid,3200,'* int8');% Ascii 区
head2= fread(fid,200,'* int16');% 二进制区
n= 60;
% % 道
for i= 1:1:n
    daohead(:,i)= fread(fid,120,'* int16');% 道头
    d(:,i)= fread(fid,head2(11,1),'* float','ieee- be');% 数据
end
% % 地震记录频谱
for i= 1:n
N= 2* double(head2(11,1));% 采样点数
Y(:,i)= fft(d(:,i),N);% 快速傅里叶变换
Pyy(:,i)= Y(1:N/2+ 1,i);% F(k)(k= 1:N/2+ 1)
dt= double(head2(9,1))/1e6;% 采样周期
fmax= 1/dt;% 最高采样频率
f= fmax.* (0:N/2)./N;% 频率轴 f 从零开始
% % 设计高通滤波窗
win(1,1:N)= 1;
l= N/fmax* 30+ 1;% 设置低截频率为 30Hz
win(1,1:l)= 0;% 高通窗
win(1,N- l+ 1:N)= 0;% 高通窗
Y0(:,i)= Y(:,i).* win';
d0(:,i)= real(ifft(Y0(:,i)));
end
figure(1)
plot(f,abs(Pyy(:,31)),'b- ',f,abs(Y0(1:N/2+ 1,31)),'r- - ');
xlabel('{\itf} (Hz)');
ylabel('{\itA}');
figure(2)
```

```
subplot(1,2,1)
wigb(d,1);
xlabel('道号');
ylabel('时间(ms)');
subplot(1,2,2)
wigb(d0(1:1501,:),1);
xlabel('道号');
ylabel('时间(ms)');
```

对地震记录的第 31 道进行频域滤波，滤波前后的频谱如图 5.11 所示。

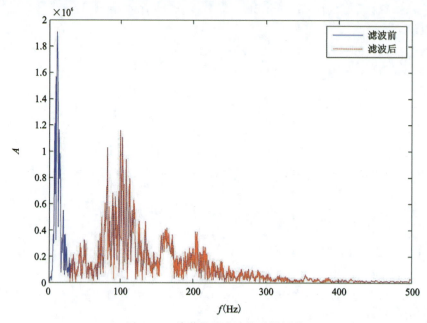

图 5.11　单道记录滤波前后的频谱

对所有地震道的数据进行频域滤波，滤波前后的地震单炮记录如图 5.12 所示。

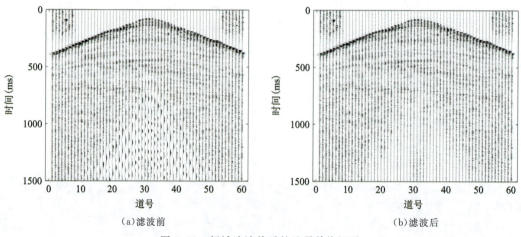

(a) 滤波前　　　　　　　　　　　　(b) 滤波后

图 5.12　频域滤波前后的地震单炮记录

5.5.2 二维 f-k 滤波

二维滤波过程中,需要将空间坐标 x 看成时间 t 进行一维滤波,对应的频率就成为波数 k,即利用干扰波与有效波在波数域的差异进行滤波。若同时考虑对地震信号在频率和波数两个域的差异进行滤波,则称为二维滤波。本节主要介绍基于二维傅里叶变换以及地震数据的 f-k 滤波。

1. 二维傅里叶变换

二维傅里叶变换是 f-k 滤波的基础。设地震信号为 $y(t,x)$,其中 t 为时间变量,而 x 为空间变量。注意:$y(t)$ 表示一道地震记录;$y(t,x)$ 表示多道地震记录或者一张剖面。

定义 $y(t,x)$ 的二维正逆傅里叶变换分别为

$$Y(f,k) = \int_{-\infty}^{\infty} \int_{-\infty}^{\infty} y(t,x)\, \mathrm{e}^{-i2\pi(ft+kx)} \mathrm{d}t\mathrm{d}x \tag{5.7}$$

$$y(t,x) = \int_{-\infty}^{\infty} \int_{-\infty}^{\infty} Y(f,k) \mathrm{e}^{i2\pi(ft+kx)} \mathrm{d}f\mathrm{d}k \tag{5.8}$$

频谱 $Y(f,k)$ 也是一个二维信号,称为 $y(t,x)$ 的频率-波数谱,简称频波谱,相应的变换也可叫作 f-k 变换。二维傅里叶变换可以借助一维傅里叶变换来计算,即先沿时间方向作一维傅里叶变换到 $Y(f,x)$ 域,再沿空间方向作傅里叶变换到 $Y(f,k)$ 域。

2. 二维傅里叶变换的性质

1) 二维抽样定理

时间采样间隔 Δt 和空间采样间隔 Δx 应满足

$$\begin{cases} \Delta t \leqslant \dfrac{1}{2f_\mathrm{c}} \\ \Delta x \leqslant \dfrac{1}{2k_\mathrm{c}} \end{cases} \tag{5.9}$$

2) 二维 f-k 谱的共轭性和周期性

二维信号为非负实偶函数,满足以下共轭关系:

$$\overline{U(f,k)} = U(-f,-k) \tag{5.10}$$

在 f-k 域内,当转换到主周期时,频谱图以原点为中心,相对象限Ⅰ和象限Ⅲ、象限Ⅱ和象限Ⅳ呈对称关系,如图 5.13 所示。

二维信号同一维信号类似,对信号进行离散处理时,会以伪门的形式产生一个以主周期为间隔的周期延拓,以原点为中心按方形、环形式向四周扩散。因此,可取 $0 \leqslant k \leqslant \dfrac{1}{\Delta x}$,$0 \leqslant f \leqslant \dfrac{1}{\Delta t}$,即第一象限内的矩形(即为正周期)区域讨论 f-k 谱的变化情况。

f-k 域的二维滤波方程表示为

$$\hat{Y}(f,k) = H(f,k) \cdot Y(f,k) \tag{5.11}$$

式中,$Y(f,k)$ 可由二维傅里叶变换得到,$H(f,k)$ 就是所设计的滤波器。

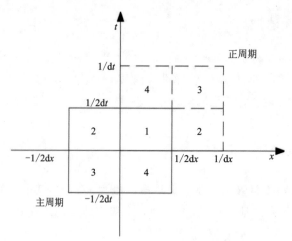

图 5.13 二维 f-k 谱的正周期和主周期

根据有效波和干扰波在 f-k 域的分布特征,令

$$H(f,k)=\begin{cases} 0 & (f,k)\in 干扰区 \\ 1 & (f,k)\in 有效区 \end{cases} \quad (5.12)$$

基于式(5.12)即可实现地震数据的二维 f-k 滤波。

例 5.9 利用 MATLAB 软件编程实现例 5.4 中地震单炮记录的二维 f-k 滤波。编写的程序代码如下:

```
clc
clear
%% 读单炮数据
fid= fopen('E:\sample1.sgy','rb+','ieee-be');% 叠前数据
    head1= fread(fid,3200,'*int8');
    head2= fread(fid,200,'*int16');% 卷头
    n= 60;
    Dao= double(zeros(12,n));% 道头信息
    d= zeros(2048,64);% 不够的数据用 0 补齐
for i= 1:1:n
    daohead= fread(fid,60,'*int32');% 道头
    d(1:1500,i)= fread(fid,head2(11,1),'*float','ieee-be');% 数据
end
%% 二维傅里叶变换到 f-k 域
N1= 2048;% 时间采样点数
N2= 64;% 空间采样点数
Y3= fft2(d(:,:),N1,N2);% 二维傅里叶变换
y3= fftshift(Y3);
Pyy3(:,:)= Y3(1:N1,1:N2);
```

```
Pyy30(:,:)= y3(1:N1,1:N2);
dt= 0.001;% 时间采样间隔
fmax= 1/dt;
f= fmax* (0:N1)/N1;
dx= 5;% 空间采样间隔
kmax= 1/dx;
k= kmax* (0:N2)/N2;
figure(1)
subplot(1,2,1)
imagesc(k,f,abs(Pyy3))% 正周期
set(gca,'YDir','normal')
xlabel('{\itk}');
ylabel('{\itf}(Hz)');
subplot(1,2,2)
imagesc(k- 0.1,f- 500,abs(Pyy30))% 主周期
set(gca,'YDir','normal')
xlabel('{\itk}');
ylabel('{\itf}(Hz)');
%% 建立扇形滤波窗
lv= zeros(N1,N2);
for i= 1:N1
for j= 1:N2
    if j< = N2/2 & i< = N1/2- 80* (1- 2* (j- 1)/N2)
        lv(i,j)= 1;
    elseif j< = N2/2 & i> = N1/2+ 80* (1- 2* (j- 1)/N2)
        lv(i,j)= 1;
    elseif j> N2/2 & i> N1/2- 80* (1- 2* (j- 1)/N2)
        lv(i,j)= 1;
    elseif j> N2/2 & i< N1/2+ 80* (1- 2* (j- 1)/N2)
        lv(i,j)= 1;
end
end
end
figure(2)
imagesc(k- 0.1,f- 500,lv)
set(gca,'YDir','normal')
xlabel('{\itk}');
ylabel('{\itf}(Hz)');
%% f-k 滤波
Y30= y3.* lv;
```

```
Pyy31= Y30(1:N1,1:N2);
figure(3)
imagesc(k- 0.1,f- 500,abs(Pyy31))
set(gca,'YDir','normal')
xlabel('{\itk}');
ylabel('{\itf}(Hz)');
%% 傅里叶逆变换
Y31= fftshift(Y30);
d0= ifft2(Y31);
d00= real(d0);% 取实部
figure(4)
wigb(d00(1:1500,1:60),2);% 变面积显示
xlabel('道号');
ylabel('时间(ms)');
```

原始地震记录及其 f-k 谱如图 5.14 所示。

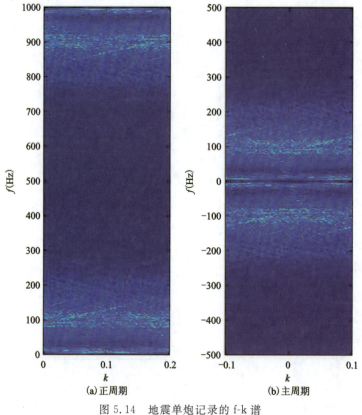

(a) 正周期　　　(b) 主周期

图 5.14　地震单炮记录的 f-k 谱

扇形滤波器如图 5.15 所示。滤波后的 f-k 谱如图 5.16 所示，滤波后的单炮记录如图 5.17 所示。

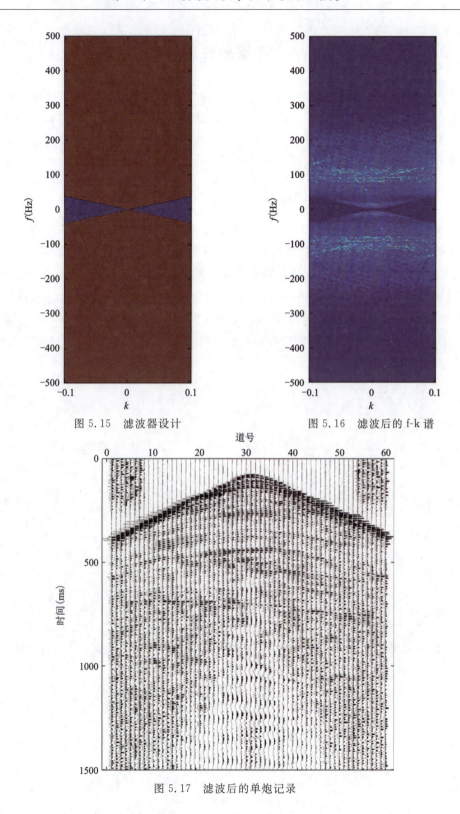

图 5.15 滤波器设计 图 5.16 滤波后的 f-k 谱

图 5.17 滤波后的单炮记录

5.6 地震属性的计算

基于"三高"地震资料，采用多种数学方法，如傅里叶变换、复数道分析、自相关函数和自回归分析等，可提取反映地震波几何形态、运动学、动力学和统计学特征的多种类型地震属性参数。并且，随着数学、计算机、信息科学等领域新技术的发展与引入，提取的地震属性类型和数量仍在不断增加，目前已多达几百种。

5.6.1 振幅类地震属性计算

振幅类地震属性是地震波动力学的重要地震属性之一，最先被发现和应用的"亮点"技术即是振幅类地震属性。振幅类地震属性主要用于反映地层中上下界面的波阻抗差异、地层的厚度，以及孔隙度及流体成分的变化。该类属性依据的原理是地层弹性性质的变化，以及流体的变化对地震波传播的影响，体现在地震剖面上反射波振幅的突然增强或减弱；包括均方根振幅、绝对振幅、总振幅、总能量、累计能量差等多种类型，多用于检测储层的含油气性。

例5.10 利用 MATLAB 软件编程读取地震剖面数据，并计算振幅类的地震属性。
编写的程序代码如下：

```
clc
clear
%% 地震记录读取
fid= fopen('E:\sample_poumian','rb+ ','ieee- be');% 打开地震数据文件
%% 卷头
head1= fread(fid,3200,'* int8');% Ascii 区
head2= fread(fid,200,'* int16');% 二进制区
n= 200;
%% 道
for i= 1:1:n
    daohead(:,i)= fread(fid,60,'* int32');% 道头
    d(:,i)= fread(fid,head2(11,1),'* float','ieee- be');% 数据
end
%% 振幅类地震属性计算
N= 20;
for i= 1:n
    for j= 1:length(d)- N
        a1(j,i)= sqrt(sum(d(j:j+ N,i).^2)/(N+ 1));% 均方根振幅
        a2(j,i)= sum(abs(d(j:j+ N,i)))/(N+ 1);% 平均绝对振幅
        Q(j,i)= sum(d(j:j+ N,i).^2)/(N+ 1);% 平均能量
    end
end
```

```
figure(1)
subplot(2,2,1)
imagesc(d(1:480,:));
xlabel('道号');
ylabel('时间(ms)');
title('原始记录');
subplot(2,2,2)
imagesc(a1);
xlabel('道号');
ylabel('时间(ms)');
title('均方根振幅');
subplot(2,2,3)
imagesc(a2);
xlabel('道号');
ylabel('时间(ms)');
title('平均绝对振幅');
subplot(2,2,4)
imagesc(Q);
xlabel('道号');
ylabel('时间(ms)');
title('平均能量');
```

运行程序,提取地震剖面,并计算得到对应的振幅类地震属性如图 5.18 所示。

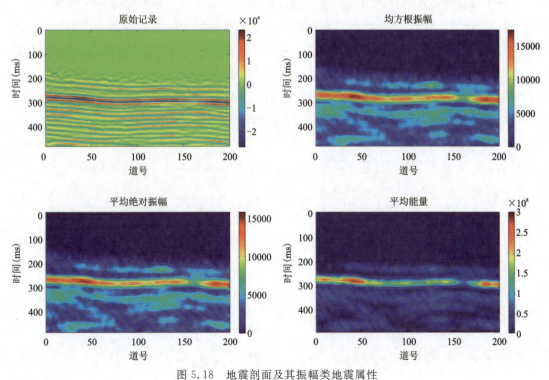

图 5.18 地震剖面及其振幅类地震属性

5.6.2 "三瞬"地震属性计算

"三瞬"地震属性指瞬时振幅、瞬时频率、瞬时相位三种类型,主要是基于希尔伯特变换的信号处理方法进行计算。假设地震信号为 $d(t)$,则其希尔伯特变换为

$$\hat{d}(t) = d(t) * \frac{1}{\pi t} \tag{5.13}$$

解析地震信号表示为

$$h(t) = d(t) + i\hat{d}(t) \tag{5.14}$$

瞬时振幅表示为

$$A(t) = \sqrt{d^2(t) + \hat{d}^2(t)} \tag{5.15}$$

瞬时相位表示为

$$\psi(t) = \arctan\left(\frac{\hat{d}(t)}{d(t)}\right) \tag{5.16}$$

瞬时频率表示为

$$f(t) = \frac{d\psi(t)}{dt} \tag{5.17}$$

"三瞬"地震属性是地震解释的重要工具,常被用于储层的地质构造解释、岩性分析以及油气检测等方面。

瞬时振幅是反射强度的量度,主要反映能量上的变化,可以突出特殊岩层的变化。

瞬时相位是地震剖面上同相轴连续性的量度,无论能量的强弱,它的相位都能显示出来,即使是弱振幅有效波在瞬时相位图上也能很好地显示出来。当波在各向异性的均匀介质中传播时,其相位是连续的;当波在有异常存在的介质中传播时,其相位将在异常位置发生显著变化,在剖面图中明显不连续。因此,当瞬时相位剖面图中出现相位不连续时,就可以判断该处存在分层或地质构造等。

瞬时频率是相位的时间变化率,它能够反映组成地层的岩性变化,有助于识别地层。当地震波通过不同介质界面时,频率将会发生明显变化,这种变化在瞬时频率图像剖面中就能显示出来。

例 5.11 利用 MATLAB 软件编程计算例 5.10 中地震剖面的"三瞬"地震属性。

编写的程序代码如下:

```
clc
clear
%% 地震记录读取
fid= fopen('E:\sample_poumian','rb+ ','ieee- be');% 打开地震数据文件
%% 卷头
head1= fread(fid,3200,'* int8');% Ascii 区
head2= fread(fid,200,'* int16');% 二进制区
n= 200;
```

```matlab
%% 道
for i= 1:1:n
    daohead(:,i)= fread(fid,60,'* int32');% 道头
    d(:,i)= fread(fid,head2(11,1),'* float','ieee- be');% 数据
    t= (0:length(d(:,i))- 1)/1000;
    %% 计算每一道的"三瞬"属性
    h(:,i)= hilbert(d(:,i));% 希尔伯特变换
    imagh(:,i)= imag(h(:,i));
    A(:,i)= abs(h(:,i));% 瞬时振幅
    dfai(:,i)= atan(imagh(:,i)./d(:,i));% 瞬时相位
    df(:,i)= diff(dfai(:,i))./(2* pi* diff(t'));% 瞬时频率
end
figure(1)
subplot(2,2,1)
wigb(d,2);
xlabel('道号');
ylabel('时间(ms)');
title('原始记录');
subplot(2,2,2)
imagesc(A);
xlabel('道号');
ylabel('时间(ms)');
title('瞬时振幅');
subplot(2,2,3)
imagesc(dfai);
xlabel('道号');
ylabel('时间(ms)');
title('瞬时相位');
subplot(2,2,4)
imagesc(df);
xlabel('道号');
ylabel('时间(ms)');
title('瞬时频率');
dw= colorbar;
title(dw,'{\itf}(Hz)');
```

运行程序,提取地震剖面,并计算得到对应的"三瞬"地震属性如图 5.19 所示。

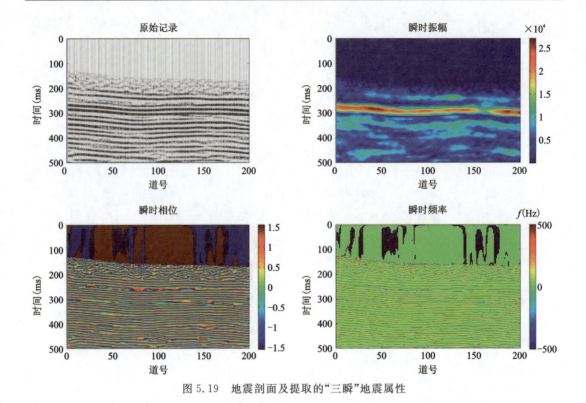

图 5.19 地震剖面及提取的"三瞬"地震属性

第6章 地球物理程序图形界面设计与应用案例

图形用户界面(graphical user interface,GUI)是指由窗口、用户菜单、用户控制等各种图形元素组成的用户界面。在图形用户界面中,用户可较为方便灵活地进行操作,实现数据的计算、显示、输入和输出等多种功能。因此,通过地球物理程序设计开发形成的部分正演数值模拟、数值计算和处理、图形显示、数据的输入和输出等功能同样可借助于图形用户界面的设计提供方便简洁的程序使用和操作。为此,本章选取地震子波与频谱显示、瞬变电磁正演数值模拟两个简单的图形用户界面设计案例,介绍地球物理程序的图形界面设计与应用。

6.1 地震子波与频谱显示 GUI 图形用户界面设计

地震数据为弹性波信号,可通过傅里叶正变换和逆变换对其进行时间域和频率域的转换。本节通过设计 GUI 图形用户界面,以快速傅里叶变换(FFT)作为地震子波频谱计算的实现方法,进行不同峰值频率的雷克子波波形和频谱显示。

设计的 GUI 图形用户界面特点和步骤如下:

(1)编程设计 GUI 窗口,添加 3 个菜单按钮,3 个文本框,2 个按钮,如图 6.1 所示;

(2)编辑 3 个菜单项的属性,文件:打开—退出;颜色:黑色—蓝色—红色;线型:实线—虚线;

(3)编辑 3 个文本框的属性,分别为采样间隔、采样长度和峰值频率;

(4)编辑 2 个按钮的属性,"雷克子波属性参数设置"按钮的属性和功能实现函数,"雷克子波波形与频谱显示"按钮的属性和功能实现函数;

(5)编写代码实现控件和菜单的功能。

GUI用户界面设计的程序代码如下:

```
clear
clc
%% 测井的读取和显示用户界面设计
global t;
global m;
global canshu;
```

```
figure('name','雷克子波波形和频谱显示','numbertitle','off','menubar','none');% 图
形界面
%% 菜单项
hfile= uimenu(gcf,'label','文件');% 文件菜单
uimenu(hfile,'label','退出','callback','close');
m= 0;t= 0;
hcolor= uimenu(gcf,'label','颜色');% 颜色菜单
uimenu(hcolor,'label','黑色','callback','m= 0');% 默认为蓝色
uimenu(hcolor,'label','蓝色','callback','m= 1');
uimenu(hcolor,'label','红色','callback','m= 2');
hline= uimenu(gcf,'label','线型');% 线型菜单
uimenu(hline,'label','实线','callback','t= 0');% 默认为实线
uimenu(hline,'label','虚线','callback','t= 1');
%% 按钮
title= {'采样间隔','采样长度','峰值频率'};
uicontrol(gcf,'style','push','units','normalized','position',...
    [0.02,0.93,0.3,0.05],'string','雷克子波属性参数设置','fontsize',10,'callback',
'canshu= inputdlg(title)');
uicontrol(gcf,'style','push','units','normalized','string','雷克子波波形与频谱显
示',...
    'position',[0.02,0.7,0.3,0.05],'fontsize',10,'callback','draw(m,t)');
%% 文本框
uicontrol(gcf,'style','text','units','normalized','position',...
    [0.02,0.87,0.17,0.04],'string','采用间隔(ms):','fontsize',10);
uicontrol(gcf,'style','text','units','normalized','position',...
    [0.35,0.87,0.17,0.04],'string','采用长度:','fontsize',10);
uicontrol(gcf,'style','text','units','normalized','position',...
    [0.67,0.87,0.17,0.04],'string','峰值频率(Hz):','fontsize',10);
```

控件、菜单功能的 draw.m 函数如下：

```
function draw(m,t)
global canshu
caiyangjiange= str2num(canshu{1,1});
caiyangchangdu= str2num(canshu{2,1});
fengzhipinlv= str2num(canshu{3,1});
uicontrol(gcf,'style','text','units','normalized','position',...
    [0.19,0.87,0.05,0.04],'string',canshu{1,1},'fontsize',10);
uicontrol(gcf,'style','text','units','normalized','position',...
    [0.52,0.87,0.05,0.04],'string',canshu{2,1},'fontsize',10);
uicontrol(gcf,'style','text','units','normalized','position',...
    [0.84,0.87,0.05,0.04],'string',canshu{3,1},'fontsize',10);
```

```
%% 绘图选项
if m==0 & t==0
    option='k-';
elseif m==0 & t==1
    option='k--';
elseif m==1 & t==0
    option='b-';
elseif m==1 & t==1
    option='b--';
elseif m==2 & t==0
    option='r-';
else
    option='r--';
end
wavelet=ricker(caiyangjiange/1000,fengzhipinlv,caiyangchangdu);
N=2*caiyangchangdu;% 采样点数
Y1=fft(wavelet,N);% 快速傅里叶变换
Pyy1=Y1(1:N/2+1);% F(k)(k=1:N/2+1)
dt=caiyangjiange/1000;% 采样周期
fmax=1/dt;% 最高采样频率
f=fmax*(0:N/2)/N;% 频率轴f从零开始
%% 绘图参数
subplot(1,2,1)
plot(wavelet,option);
set(gca,'units','normalized','position',[0.1,0.1,0.35,0.55]);
xlabel('t(ms)');
ylabel('A');
subplot(1,2,2)
plot(f,abs(Pyy1),option);
set(gca,'units','normalized','position',[0.55,0.1,0.35,0.55]);
xlabel('f(Hz)');
ylabel('A');
```

运行程序后,打开GUI图形用户界面如图6.1所示。

在"颜色"下拉菜单中选择"蓝色","线型"下拉菜单中选择"虚线";点击"雷克子波属性参数设置"按钮,输入"采用间隔(ms)"为1,"采用长度"为100,"峰值频率(Hz)"为50;点击"雷克子波波形与频谱显示"按钮,结果如图6.2所示。

图 6.1　雷克子波波形与频谱显示的 GUI 图形用户界面

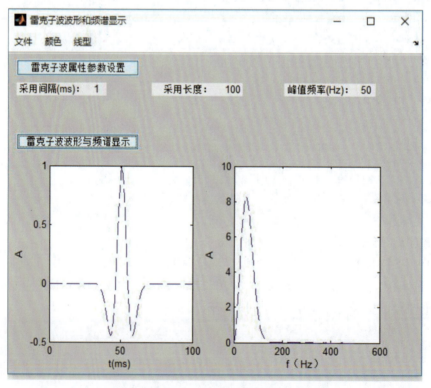

图 6.2　雷克子波波形与频谱的交互显示结果

6.2 瞬变电磁正演模拟程序界面设计与应用

采用基于 MFC 语言平台自主开发的时域有限差分数值模拟用户交互界面,如图 6.3 所示。该图形界面简洁易操作,能够根据用户设置的技术参数快速进行正演计算,并把计算结果用图像的形式显示出来,为地下深部结构探测、能源及矿产资源与工程勘探和地震灾害预测等领域提供帮助。

软件操作界面可分为 3 个区域,如图 6.3 所示。3 个区域的功能设计如下:①区域是参数输入区,供用户输入装置、采集和模型等基本参数;②区域是结果输出区,供用户选择正演计算结果文件的保存位置;③区域是正演结果显示区,供用户查看模型模拟计算得到的感应电动势响应曲线和全程视电阻率响应曲线。

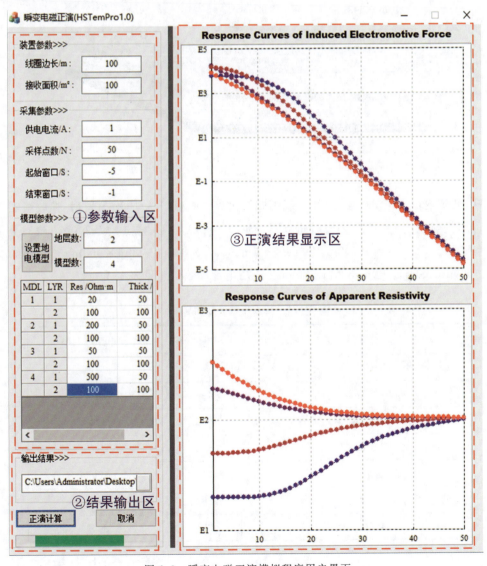

图 6.3 瞬变电磁正演模拟程序用户界面

根据功能实现的需要,界面组件可分为静态文本框、动态文本框和按钮。具体操作流程:首先打开软件后根据用户需求键入线框边长、接收面积和供电电流等参数;然后设置地电模型的地层数和模型数,点击"设置地电模型"按钮并输入模型电阻率和层厚,所有参数输入完成后,选择正演计算结果文件输出位置;最后点击"正演计算"按钮即可完成计算。结果在显示区展示,输出结果为3个"*.csv"格式文件,分别是不同时刻的感应电动势、磁场和全程视电阻率数据。

利用设计的用户界面进行瞬变电磁正演数值模拟,设置的地电模型如图6.4所示。

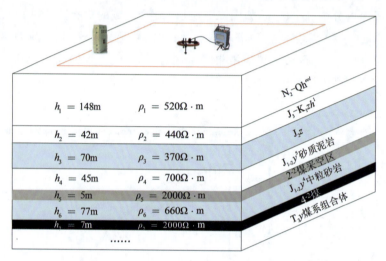

图 6.4 地层地电模型

在①区域内输入正演的参数:接收线圈归一化等效面积 S 为 $100m^2$,发射-接收线圈匝数 N 为 1 匝,发射电流 I 为 1A,采样时间范围 t 为 $10^{-6}\sim10^{-1}$ s,采样点数为 200 个(道);分别设置发射回线边长为 100m×100m、200m×200m、300m×300m、400m×400m、500m×500m、600m×600m、700m×700m、800m×800m。地层电性参数信息见表 6.1。

表 6.1 地层电性参数信息

层号	地层	层厚(m)	累积厚度(m)	平均视电阻率($\Omega\cdot$m)
1	N_2-Qh^{eol}	148	148	520
2	J_3-$K_1 zh^1$	42	190	440
3	$J_2 z$ 砂岩	70	260	370
4	$J_{1-2} y^5$ 砂质泥岩	45	305	700
5	2^{-2} 煤采空区	5	310	2000
6	$J_{1-2} y^4$ 中粒砂岩	77	387	660
7	4^{-2} 煤	7	394	2000

设置计算结果的输出路径,点击"正演计算"按钮,计算得到不同发射回线边长的瞬变场响应曲线如图 6.5 所示。

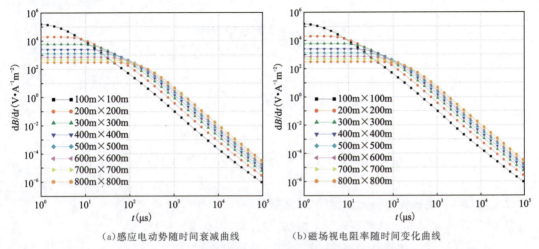

(a)感应电动势随时间衰减曲线　　(b)磁场视电阻率随时间变化曲线

图 6.5　不同发射边长条件下地电模型的瞬变场响应曲线

主要参考文献

陈乐寿,王光锷,1990.大地电磁测深法[M].北京:地质出版社.

董守华,张凤威,王连元,等,2012.煤田测井方法与原理[M].徐州:中国矿业大学出版社.

管志宁,2005.地磁场与磁力勘探[M].北京:地质出版社.

李才明,李军,2013.重磁勘探原理与方法[M].北京:科学出版社.

李金铭,2005.地电场与电法勘探[M].北京:地质出版社.

李振春,张军华,2002.地震数据处理方法[M].青岛:中国石油大学出版社.

刘国兴,2005.电法勘探原理与方法[M].北京:地质出版社.

刘天佑,2003.地球物理勘探概论[M].北京:地质出版社.

陆基孟,王永刚,2011.地震勘探原理[M].3版.青岛:中国石油大学出版社.

柳建新,童孝忠,郭荣文,等,2012.大地电磁测深法勘探:资料处理、反演与解释[M].北京:科学出版社.

马昌凤,2006.最优化方法及其MATLAB程序设计[M].北京:科学出版社.

牟永光,陈小宏,李国发,等,2003.地震数据处理方法[M].北京:石油工业出版社.

牟永光,裴正林,2005.三维复杂介质地震数值模拟[M].北京:石油工业出版社.

尚涛,2011.MATLAB工程计算及分析[M].北京:清华大学出版社.

宋延杰,陈科贵,王向公,2011.地球物理测井[M].北京:石油工业出版社.

苏小红,孙志岗,陈惠鹏,2013.C语言大学实用教程[M].北京:电子工业出版社.

谭浩强,2010.C程序设计[M].4版.北京:清华大学出版社.

唐培培,戴晓霞,2012.MATLAB科学计算及分析[M].北京:电子工业出版社.

童孝忠,柳建新,2013.MATLAB程序设计及在地球物理中的应用[M].长沙:中南大学出版社.

王永刚,乐友喜,张军华,2007.地震属性分析技术[M].青岛:中国石油大学出版社.

熊斌,徐志峰,蔡红柱,2020.MATLAB地球物理科学计算实战[M].武汉:中国地质大学出版社.

杨思朋,张丽莉,2016.大地电磁二维有限元正演过程和编程[J].地球物理学进展,31(3):1010-1016.

曾华霖,2005.重力场与重力勘探[M].北京:地质出版社.

张德丰,2012.MATLAB实用数值分析[M].北京:清华大学出版社.

主要参考文献

张平松,吴海波,2020. 基于 MATLAB 的地球物理程序设计基础与应用[M]. 武汉:中国地质大学出版社.

郑阿奇,2012. MATLAB 实用教程[M]. 3 版. 北京:电子工业出版社.

GUPTASARMA D, 1997. New digital linear filters for Hankel J0 and J1 transforms[J]. Geophysical Prospecting, 45(5):745-762.

HUANG Y P, GENG J H, ZHONG G F, et al., 2011. Seismic attribute extraction based on HHT and its application in a marine carbonate area[J]. Applied Geophysics, 8(2):125-133.

MARGRAVE G F, 2003. Numerical methods of exploration seismology with algorithms in MATLAB[D]. Alberta: The University of Calgary.

PRATA S, 2005. C Primer Plus[M]. 5 版. 云巅工作室,译. 北京:人民邮电出版社.

WITTEN A, 2002. Geophysica:MATLAB-based software for the simulation, display and processing of near-surface geophysical data[J]. Computers & Geosciences, 28(6):751-762.